Nizuixiangyaode
Jianfa Shenghuo

你最需要的减法生活

给自己的生活做减法,
就是削减我们心灵的承载,让我们的心灵回归自然。
让我们的人生卸去重担,
在轻松与自由中舒畅前行,真正收获成功。

冯国涛◎编著

中国华侨出版社

图书在版编目（CIP）数据

你最需要的减法生活/冯国涛编著．—北京：中国华侨出版社，
2012.3
ISBN 978 - 7 - 5113 - 2166 - 4

Ⅰ.①你… Ⅱ.①冯… Ⅲ.①人生哲学 - 通俗读物
Ⅳ.①B821 - 49

中国版本图书馆 CIP 数据核字（2012）第 015157 号

● **你最需要的减法生活**

编　　著/冯国涛
责任编辑/赵姣娇
封面设计/中侨智杰
经　　销/新华书店
开　　本/710×1000 毫米　1/16　印张 16　字数 220 千字
印　　刷/北京一鑫印务有限责任公司
版　　次/2012 年 4 月第 1 版　2019 年 8 月第 2 次印刷
书　　号/ISBN 978 - 7 - 5113 - 2166 - 4
定　　价/32.00 元

中国华侨出版社　　北京朝阳区静安里 26 号通成达大厦 3 层　　邮编 100028
法律顾问：陈鹰律师事务所
编辑部：（010）64443056　　64443979
发行部：（010）64443051　　传真：64439708
网　　址：www.oveaschin.com
e - mail：oveaschin@ sina.com

前 言
Preface

　　"减"，早已经成为了一种生活哲学，它不仅仅运用在我们的数学运算里，而且充斥于我们生活的角角落落，散落在我们生命的漫山遍野，让我们不得不重视，让我们不得不去思考。

　　在我们的生活工作中，可能是城市的脚步过于匆忙，也可能是由于我们身上的负担过重，更有可能是我们的心灵承载过多，所以我们总是感觉到自己呼吸不畅，总是感觉到自己压力过大，也总是感觉到自己的精神在濒临着崩溃。所以我们就寻找着适合自己的生活方式，努力地追寻着如何去减轻自己的负担，卸去那些沉重的包袱，从而让自己的身心回归轻松，回归自由。

　　人生因为我们的不知足，因为我们的欲望太重，所以才会让自己那么繁重，才会让自己那么辛苦。其实我们在来到人世间的时候一无所有，心灵也是纯净无瑕，我们不知道什么是沉重，什么是负担，更不知道什么是私欲，什么是奢华。但是随着我们慢慢地长大，随着我们在社会上经验的增多，我们就慢慢地给自身增加了一些东西。我们不断地向往着金钱，向往着名利，向往着那些奢华，并且使尽全力地去追逐它们，不顾一切。在途中我们为了一时的私欲，捡起了地上的那些虚伪、那些繁琐、那些奢华，抱着这些沉重的东西让自己上路，在途中我们却忘记了真实的生活，忘却了简单的心思，忘记了现在拥有的幸福，忘却了生活中的感动，也忘却了那些美好的感情，从而丢失了那些能让我们轻松的幸福，将自己的心用另外的东西替代、填满，从而让自己的心灵负重，让自己的生活陷入一片迷乱。其实回过头，当我们在人生这条路上沉重得再也走不下去的时候才会发现，原来人生没有我们想象得那么繁重，我们的心灵也无需那么多的承载，幸福也根本不需要那么多的额外条件。有时候简单才是真快乐，回归自然我们的身心反而会变得更轻松。

所以让我们给自己的生活做减法，减去那些生活的重量，减去那些欲望的牵绊，减去那些束缚我们灵魂的执著，给自己的心灵绘制一个个笑脸，给自己的人生选择一段快乐的旅程，给自己的成功增加一些真正的砝码。用感动及简单去应对生活中的繁琐，用轻松与坦然去面对人生中的成功与失败，让心灵在轻松与自由中呼吸新鲜空气，让自己在生活减法中找寻生命的真谛。

　　《你最需要的减法生活》这本书，就是让我们去认清那些存在于我们人生中的那些负重，让我们去识别人生中的那些羁绊，教导我们该如何给自己的生活做减法，教导我们如何在繁杂的尘世中给自己的心灵寻找到一丝清明，如何在压力丛生的社会中寻得一点轻松与自由。

　　给自己的生活做减法，就是削减我们心灵的承载，让我们的心灵回归自然，让我们的心灵呼吸新鲜的空气，让我们的人生卸去重担，让我们的人生在轻松与自由中舒畅前行，真正收获成功。

目 录
Contents

第三章　繁琐人生太纠结，回归自然反轻松

第二卷
职场不是高压线，轻松调节效率高

第一章　欲望只是绊脚石，脚踏实地铸胜局

------ 第三卷 ------
牵绊都是心中毒，灵魂清洗要及时

第一章　计较太多心黑暗，胸怀希望见阳光

第二章　心灵浮躁多伤痛，坦荡宁静享太平

第三章　心灵快意随处见，删繁从简幸福多

第一卷

削减心灵的承载,生活无需太多重负

第一章　人生无需太奢华，简单才是真快乐

我们来到人世间时一无所有，一切为零，但是慢慢地我们却让物质控制了自己的人生，并且为了满足自己各种各样的私欲，不断地将一些负担加在自己的身上，从而让自己的心灵负重。其实人生无需太奢华，简单才是真快乐，我们应该削减掉一些压在心灵上的承载，让自己的生活远离负重。

1. 人生就像钱罐子，多储蓄少挥霍

人生就像钱罐子，应该多储蓄少挥霍。其实人的一生就像是在存钱，如果我们想要拥有更多的财富，想要得到更多，那就要懂得储蓄之道，胡乱的挥霍只会让我们一贫如洗，也会让我们的人生极度贫乏。

我们都知道，在生活中，如果有了零钱，我们都喜欢存进钱罐，一点一滴地积累，直到某一天将其打开，不论财富有多少，但只要想到自己坚持的过程，看到因这个过程和习惯而积少成多的财

富，我们也会从中看到一些希望，体会到人生的一些哲理。

其实人生也像是钱罐子，平日里需要我们不断地存储，我们存进去希望、感情、知识、财富、快乐等，就会得到这些东西，当然，我们存储得多了，就会得到更多。然而，在生活中，却总有一些人不喜欢存储，喜欢挥霍。他们不喜欢存储金钱，喜欢在有钱的时候过度消费，然后在月末的时候对着自己空空的存折发呆，抱怨自己，让自己为缺钱而焦躁不安；他们不喜欢储存情感，喜欢挥霍别人对自己的关心、对自己的疼爱，但是等到有些感情离自己远去的时候总是后悔不迭，也总是让自己的眼里挂满遗憾；他们也不喜欢存储快乐，在快乐的时候容易得意忘形，严重挥霍自己的情绪，以至于总是在悲伤的时候没有办法让悲伤止步，从而让那些痛楚的事情控制自己，左右自己的情绪……他们的挥霍，他们的不善储存很多时候都给自己加了太多的负担，加了太多的重量，所以，在生活中也总是让自己的灵魂受累。

小星是一个幸福的孩子，她是家里的独生女，父母经营着自己的企业，平时要什么有什么，所以脾气就有点骄纵任性。可是她身边没有什么真正意义上的朋友，就算是在学校里面常常有一大堆的人跟在她的屁股后面给她当手下，但都只是为了她身上的那点钱而已，只是这一点别人都知道，只有她自己被蒙在鼓里。

其实她并不是一直没有好朋友，有一个跟她一起长大的小女孩，本来两个人的关系很好，但是有一次由于两个人一同看上了一件衣服，起了争执，并且当那个小女孩跑到小星的面前跟小星和解的时候，小星却没有接受，所以两个人以后就开始了各走各的路。在生活中小星可以说是一个很挥霍的女孩，在她的眼里，钱根本不算是什么东西，她可以花几万块钱去买一个包包，但是在用了两天之后可能就眉头不皱地扔掉，她也不知道自己父母的辛苦，从不知

3

道去给他们安慰或者说是想着有一天可以变得懂事。本来在她的眼里这样的日子可能会一直进行下去，但是家里的变故却让她不得不认清现实，明白自己以前的失败。

在小星20岁的那一年，父母由于工作上出现了严重的问题，导致公司破产，并且父母双双被法院拘押，最后判处无期徒刑，家里所有的财产都被冻结。转眼之间，小星从一个富有骄傲的公主变得什么都没有了，由于平时的挥霍，她父母给她的信用卡每次都是负债累累，当然她也没有存下什么钱，无处可去的她不知道接下来怎么办，于是她想到了以前跟在自己屁股后面的那些"朋友"，记得以前的时候她们总是围在自己的身边，跟自己示好，现在她落难了，可能会帮助自己，她这样高兴地想到。于是她就一家家地去找以前的那些"朋友"，可是令她惊讶的是他们每个人都不在家，不是出去旅游了，就是出去拜访亲友了，总之一个也找不到。在无助的情况下，小星一个人来到了她们以前经常聚会的那个酒吧，但是就在这个酒吧，她看到了以前跟在自己身后的那些人，她们似乎很兴奋地在谈论着一些事情，当小星走上前去想要跟她们打招呼的时候，忽然听到她们中有一个人说："知道小星那个骄傲的公主吗？她家现在落难了，她连饭都没得吃，你们见了一定要躲开……"然后很多的笑声淹没了小星的耳朵，她拼命地跑出去，在人来人往的大街上突然放声大哭……她现在才明白，自己以前挥霍掉了多少的人生，错过了多少的东西，以至于现在只能孤身一人面对所有的一切。

因为不知道如何去储存人生中的友情、金钱以及一些很重要的东西，所以弄得故事中的小星孤身一人，让自己无助，疲惫不堪。其实在我们的人生中有些人常常也是如此，总是想着挥霍，却从来都不知道去存储，以为自己现在拥有的一切将是一辈子，以为自己

4

可以一直那样生活下去，可是当灾难来临，当一切都发生变化的时候却是措手不及，根本不知道如何去应对，让自己的生活一片的狼藉。

人的一生，其实就是一个储存的过程，所以想要让自己的人生过得惬意，想要让自己的灵魂变得轻松，我们就要懂得去储存，懂得去经营自己的人生。

当我们奋斗的时候，我们多存储一份希望，减去一些失望，那么当几千个希望存储在一起的时候，就是理想，当几千个失望被减去的时候，我们的人生也就充满着坚强；当我们耕耘的时候，我们多储存一粒种子，除去一些杂草，那么当几千粒种子存储在一起的时候，就是丰收，当几千棵杂草被除去以后就保持了干净，给丰收清理了道路；当我们经历一些挫折的时候，我们多储存一些经验，减去一些悲观与哀伤，那么当几千个经验存储在一起的时候，就是成功，当几千个悲观以及哀伤被除去以后人生就变得乐观与积极向上；当我们面对生活的时候，我们多储存一些快乐，减去一些悲伤；那么当几千个快乐存储在一起的时候，就是幸福，当几千个悲伤被减去的时候，幸福的生活也就没了任何的阻挡……

人生需要存储，我们的生活也需要做减法。有了精心的存储，有了适当的减法，我们的人生才会更轻松，我们的心灵也会少去很多的负重，当然我们的生活也才会更幸福。

心灵寄语

生活有时候需要做减法，当然人生有时候也需要储存。减去那些让我们负重的东西，储存那些生命中的美好，我们就会感觉到生活中其实没有那么多的沉重，因为存储我们的人生也不会有那么多的虚空。

2. 与其花钱买生命，不如运动保健康

生命对于我们每个人来说都是珍贵的，但是生命也是我们最难掌控的东西。所以，在我们的生活中，我们要学会去用运动保健康，不要一味地用金钱去买自己的生命，因为生命是金钱买不到的东西。

很多人说人生很复杂，也很让人无奈，其实复杂不复杂，无奈不无奈很多时候都是自己说了算，因为人生仅仅只是一道简单的减法题。就像我们的身体，很多人总是拿自己的身体没有办法，有的人嫌自己的体重超标，其实体重超标没有什么，只要我们懂得给自己的体重做减法，那么我们也就不会因为自己的体重而苦恼；有的人总是羡慕别人的身体健康，自己总是多病多累，其实多病多累也没有什么，只要我们懂得给自己的身体做减法，用适当的方法减去那些病痛，减去那些劳累，那么我们也就不会因为自己身体的不好而叹息，更不会因为羡慕别人而心生苦恼。

我们每个人不论地位高低，不管是贫困还是富有，不管是充满梦想还是向往平淡，也不管是过得痛苦还是幸福，只要我们想要生存下去，那么我们就必须要拥有一个健康的身体，来支撑我们所有的行为。现今社会，人们的生活条件越来越好，也越来越关注自己的健康，当然这样就不可避免地会出现一些人去花大笔的钱买自己的健康，甚至买自己的生命的事情。就像在很多医院里面，我们不难看到，有些人他们家财万贯，也很有地位，但是以前由于长期的劳苦以及为了工作为了赚钱不知道保护自己的身体，关注自己的健康，在身体出现毛病的时候才去花钱买健康，但是那时候却已太晚，只能让自己的生命慢慢地流逝，只能在病床上度过自己的最后的人生；当然我们也会看到这样的一些人，他们不喜欢去运动，但是身体也不好，所以就花钱去买大量的保健品，去吃很多的营养品，但是很多时候也是于事无补，很难见效。其实我们要知道，生命与健康是何其可贵的东西，就算金钱常常也是买不到的。所以在我们的人生中，我们应该时刻谨记着当我们还拥有健康的时候，就好好的珍惜，在我们的身体不再健康的时候，我们就应该用正确的方式去挽回自己的健康，然后努力去保持自己的健康。

当然，关于如何去挽回自己的健康，如何去保持自己的健康，每个人都有自己不同的看法，有些人也有自己独到的经验。但是不可置疑的运动是其中很让人受用，并且很有效果的一种方法，并且也是最不花钱，最不奢华的一种方式。

那么，究竟为了我们的健康，我们应该怎样去做运动，做些什么样的运动呢？可能运动在我们的意念里会花去大量的时间、大量的精力，需要我们有空闲的时间才能去做。其实运动本身并没有那么多的约束，运动的本身只是我们为了放松自己精神，让我们变相休息的一种方式，所以不管是我们做半个小时的运动甚至更多时间还是我们只做 10 分钟甚至是 3 分钟的运动快餐，对我们的身体健康都是有好处的。

1. 腹式呼吸 3 分钟

在每天清晨或者是睡觉前，我们可以腹式呼吸 3 分钟，来让自己的腹部内脏以及血管神经得到运动。可能我们会问究竟什么是腹式呼吸呢？为什么腹式呼吸可以有助于健康呢？其实腹式呼吸需要我们仰卧，解开自己的腰带，让自己的身体以及精神放松，然后深吸一口气，有意识的让自己的肚子鼓起，憋一会儿后再慢慢地呼出。在这个过程中我们会暂时忘记自己的苦恼，也会忘记周围的一切，让自己的精神以及全身处于一种放松的状态，这样不仅有助于我们的身体健康，也能适时地舒缓我们的心灵，减轻心灵的负担。

2. 头低位运动3分钟

头低位运动同样是一项在起床后或者临睡前做的运动。需要我们站立呈弯腰低头的状态，然后双手尽量去俯身触地，最好一秒钟一次，可能看到这里，我们就会发现，原来这项运动对于我们来说并不陌生，很多人还做过，但是对于这项运动的好处我们可能知之甚少，其实这项运动可以逐步增加脑血管的抗压力，并且可以预防中风。

3. 进一步运动起来

对于更进一步的运动可能很多人会选择健身房，但是健身房也是一个并不是每个人都可以去的地方，一方面去健身房需要消耗专门的时间，另一方面去健身房也会花去一些金钱，所以对有些人来说会造成负担。既然运动是为了减轻我们身体以及心灵的负担，那么我们就应该放弃那些让自己不轻松的方式去运动。我们可以选择骑自行车上下班，当然这是在自己的时间以及各方面的条件允许的状态下；我们也可以选择去徒步旅行，如果我们有足够的兴趣以及足够的耐力；当然我们也可以选择去每天跑步，用流汗的方式祛除自己的疲劳，缓解自己的压力……

其实不管是选择何种方式去保持自己的健康，都需要我们的坚持，当然也需要我们用很多科学的方式去对待。健康其实很多时候都不是那么昂贵，也不需要我们用多么奢华的方式去获得，更不是我们花钱就能买到的东西，有时候只是需要我们花一点时间，花一点精力，去多关注，去多关心，那么我们就很可能拥有健康，拥有最美好的生命。

心灵寄语

生命对于我们每个人都只有一次，健康对我们来说弥足珍贵。但是健康并不是一件奢华的东西，也不是我们用钱就能买到，它需要我们的呵护，需要我们的关注，更需要我们的用心经营。

3．小心，别让车房拖垮了你的爱情

爱情需要浪漫，结婚不一定需要车房。虽然现代的爱情总是有太多的关于物质的争议，但是只要我们相信爱情，相信彼此的感觉，那么我们就不会让爱情有太多的负重，也不会给爱情太多的争议，当然也不会因为车房拖垮自己的爱情。

"你会和一个没房没车的男人结婚吗？"可能我们很多人都会问自己的亲友，也会问自己身边的人，有时候也会问自己，当然我们得到的答案也是不尽相同的，但是不可否认的随着人们对物质生活的追求，对于这个问题的否定回答越来越多，肯定回答当然也就相应的越来越少。车房，似乎已经成了一些人对于爱情的梦魇，也慢慢成了有些爱情走向死亡的刽子手。可是难道车房真的有这么大的魅力，有这么大的影响力吗？真的可以左右我们的爱情吗？

其实左右我们爱情的不是车房，也不是别的什么，而是我们的心。车房之所以能够拖垮有些人的爱情，是因为他们给自己的爱情附加了太多的条件，也附加了太多的理由，从而让爱情的重量超过自身的承载力，所以才会因为承受不住而最终崩溃。不可否认的爱情是人类最美好的感情之一，但是不知道是从什么时候开始，这个美好的感情也开始慢慢地物质化，而且还是那么的迅速，让人们始料不及。现在只要我们注意一下自己的身边，注意一下自己的周围就会发现，有很多的情侣因为没有车房，因为没有彼此口中的物质条件而分道扬镳，让爱情在半路中脱轨，也让车房摧毁了彼此的心灵，拖垮了自己的爱情。

　　小李和小吴在大学是众人公认的一对金童玉女，他们一起学习，一起上自习，在校园里总可以看到两个人亲密的身影，这样的爱情让很多人羡慕不已。更庆幸的是在大学毕业后他们被分到了同一家公司，由于感情一直很好，所以两人商量好年底就结婚。

　　以前在谈恋爱的时候由于小李的家教甚严，所以小吴从没有去拜访过小李的父母，但是这时两个人既然已经工作了，也商量着要结婚了，所以去拜访小李的父母成了必不可少的事情。可是他们不知道，就是这次的拜访成了他们感情的一个分界线，从此他们之间就有了一道似乎无法跨越的鸿沟。对于小吴，小李的父母见他年轻又上进，对女儿也比较好，也没有什么别的意见，但是对于小吴的家庭境况却是很不满意，他们嫌弃小吴家境贫寒，所以怎么也不愿意自己的女儿嫁给一个穷光蛋吃苦受罪，于是要求小吴必须有车有房，这样才可以跟小李结婚。

　　面对如此要求，小吴心里百感交集，因为他确实跟小李的感情很好，他也想给小李一个舒适的环境，但是现在才刚毕业，家里也因为供他上学负债累累，他现在哪里有钱去买车买房？思前想后，小吴决定不再给家中的父母加压，于是恳求小李能否在她父母面前通融一下，可是他没有想到平时通情达理的小李，在车房事件上却一点也不让步。慢慢地两个人就因为这件事情两天一小吵，三天一大吵，日子过得很不是滋味。终于有一次，小吴跟小李因为这件事吵得两个月没有见面，当小李再次看到小吴的时候，才发现在小吴的眼里再也看不到平日的疼爱，有的只是浓浓的哀伤，小李感觉到了一种从没有过的恐惧，她走上前去想要抱抱小吴，但是让她不知所措的是小吴已经远远地躲开了，小李看着渐行渐远的小吴，才发现，原来自己的爱情已经走了。

小李和小吴原本是一对很让人羡慕的恋人，但是当他们的爱情要接受检验，当他们的爱情要走进婚姻的殿堂的时候，"车房"却成了他们的阻碍，也成了他们的拖累，当然也最终成了他们的爱情埋葬的理由。

在人生中当爱情遭遇物质，当婚姻遭遇面包，可能不同的人会有不同的选择，就像故事中的小李，不管与小吴的感情有多么的好，但是最终还是向物质妥协，选择了"高贵的面包"。当然人生中有得必有失，其实当她选择"高贵的面包"的时候也就意味着她不会再拥有小吴给她的爱情，当然她也会失去那个人的真心守候，让心灵落寞，并且充满负担。

当然在我们的生活中还是有些人在爱情遭遇物质，婚姻遭遇面包的时候义无反顾地去选择自己的爱情，选择自己爱着的那个人。可能最初我们看到他们的选择会觉得他们过于幼稚，但是当他们步入生活，当他们为自己的生活奋斗的时候我们才终于发现，他们的选择才是最忠于自己的内心的，他们没有因为暂时的车房拖垮自己的爱情，而是在相爱的路上得到了车房，收获了爱情的甜蜜，当然他们的心灵也不会因为失去，因为愧疚而充满负担，让自己活得那么累。

春蕾是典型的北京女孩，她也喜欢时尚，喜欢花钱。但是当她遇到志强，那个明明比她小 1 岁，却老是在她面前充大人的他后，她变了。志强家在外地，家中姊妹很多，他是老大，父母省吃俭用供他上了大学。毕业后，他很顺利就找到了一份不错的工作，就是在公司组织的一次员工聚会上，他认识了春蕾。大方又不失稳重的春蕾很快就引起了志强的注意，他决定追求春蕾，即使她是北京女孩。

春蕾慢慢地也被志强打动了，她深知志强家中的情况，于是在父母以车房作为结婚条件的时候，春蕾面对压力并没有选择放弃志强。她告诉自己的父母，车房她不稀罕，只要志强对自己好，两个人好好在一起，车房迟早都会有。父母因为疼女儿，也就没再计较，春蕾的叔叔十分喜欢志强，于是直接借钱给他们买房子。而志强因为春蕾的善解人意，对她一直关爱备至，两个人一直幸福地生活着。

春蕾和志强并没有因为物质的压力，没有因为他们缺少车房而对命运妥协，更没有离开彼此，他们选择的是相互守候，用彼此的爱与努力去为共同的未来奋斗。当然他们并没有被命运捉弄，也并非是一无所获，他们在收获成功的时候也收获了爱情的甜蜜，并且让彼此的心灵充满着灵动与轻松，让生活充满着美好与和谐。

谁说没有车房的爱情没有保障，当爱情遭遇面包，聪明的人就一定要选择面包？其实在我们的人生中真正聪明的人并不会因为一些物质而让自己的心灵遭难，也不会让自己的感情受挫，更不会让自己的心灵充满负担。聪明的人懂得如何去让自己的人生过得快乐、过得轻松，也懂得如何去做生命中的减法，为自己减去不必要的一些负重，更懂得在爱情的世界里面拒绝车房的诱惑，不让车房拖垮自己的爱情。

心 灵 寄 语

不做车房的奴隶，不要让车房拖垮我们的爱情，也不要因为车房而让我们的心灵负重。人生无需那么奢华，爱情也不需要那么多的附加条件，要相信简单才是真快乐，在简单中我们才会更容易收获幸福。

4. 别让金钱成为你生活的主宰

在我们的人生中，人活着绝对不能没有钱，当然也不能仅仅为金钱而活着。一个懂得生活的人是不会让自己为钱而发愁的，当然也不会让金钱控制自己的人生。做金钱的主人，不让金钱成为自己生活的主宰，那样我们会在简单的生活中找寻到幸福与快乐。

对于金钱，可能我们每个人都不陌生，因为在我们的生活中几乎每天都跟钱打交道。对于食物，除了自家种的，就要用钱去买；想去一个有点远的地方，必须要去用钱买票坐车才能到达；孩子要上学学知识，也要用钱去交报名费、学杂费……如此看来，我们的生活如果离开了金钱就不能正常地运转，很多事情如果没有金钱也就无法顺利完成。其实，在我们的人生中的确如此，但这并不意味着我们就可以让金钱至上，让金钱掌控我们的生活，并且为了金钱而丢掉一切，包括自己的时间、幸福、人性等。因为不管金钱在我们的人生中多么重要，我们都要明白，钱只是贝壳，或者只是金属圆片，抑或是纸张而已，虽然我们活着必须赚钱，但绝不能为钱而活着，让钱主宰我们的生活。

世界超级富豪索罗斯说过这样一段话："我不反对赚钱，我自己也赚钱，我赚钱比印花机花钱容易。但是，我从来不把赚钱当做我人生的目的。赚钱只是我实现其他目的的一种手段，比如我个人的需要，我的慈善事业等。因此，我不像其他投资者，把亏赚问题背在身上，时时跟着自己。我把亏赚问题放在办公室里，甚至当它不存在。我只考虑在哪里投资的问题。只考虑我的投资弹簧吊架有没有缺陷的问题。"

赚钱并不能成为我们的人生目标，也不能成为我们一生的梦想，它只是让我们的生活变得更美好的一种手段。如果一个人一旦让赚钱成为自己的人生目标或者一生的梦想的话，那么他就可能因为太过在意钱，太执著于赚钱而丢掉一些本来就拥有的幸福，也可能会忽视那些存在于我们生命中的美好的东西，而让自己的生活以及心灵负重。

有这样一个故事：话说爸爸为了赚钱每天都忙于工作，连双休日也不休息。在一个星期六的傍晚，爸爸疲惫地回到家，读小学的儿子想和他到小区的花园里一起玩球。

爸爸说："上班太累了，没时间陪你玩。"这时，儿子睁着一双失望的眼睛问爸爸："你上班一天挣多少钱？"爸爸觉得儿子的问题很奇怪，于是就不搭理他。可孩子不依不饶，一定要爸爸告诉他。"30元。"爸爸不耐烦地做了回答。

这以后，儿子真的不再烦爸爸。一个月以后的一个周六早上，儿子早早起了床，径直走到正要离家的爸爸面前说："爸爸，我'买'你一天，行吗？""什么？"爸爸有点丈二和尚摸不着头脑。只见儿子迅速地从衣袋里掏出三张皱巴巴的纸币塞到他手里，说："我攒够30元钱了，今天您就陪我玩吧！"闻听此言，爸爸心中一阵激动，他蹲下身子，捏着两张10元、一张20元的钞票问儿子："告诉我，这钱是哪里来的？""我……我……我没有交上个月的伙食费。"什么？那你在学校吃什么？""我每天中午到外面买两个馒头，这样，70元就可省下40元，30元'买'你一天，另外10元钱够我买公园门票和请你吃一份盒饭。"儿子认认真真地说。此时，爸爸泪流满面……

因为忙于赚钱，忙于工作，故事中的爸爸忽视了对自己儿子的关心，乃至于上演了一出儿子"买"爸爸的时间的戏码。可能看到这个故事我们会觉得有点不可思议，当然更多的也可能是心酸。一个上小学的孩子，连爸爸陪他去玩的时间都要用钱去买，故事中的爸爸难道不是让金钱主宰了自己的生活，而让自己身边的人心灵负重吗？

虽然没有钱我们举步维艰，但是金钱也不是万能的。可能有了钱，我们可以买到宽敞的楼房，可以买到华丽的装饰，但是不可否认的我们不可以买到一个幸福的家庭；可能有了钱，我们可以买到世界上最豪华，最好用的钟表，但是我们依旧买不到时间；可能有了钱，我们可以买一张柔软的很大的床，但是我们也无法买到充足并且良好的睡眠；可能有了钱，我们可以用书把自己整个屋子塞满，但是不管我们买到多少书籍，我们也无法买到知识；当然我们有了钱，不可否认的可以买到地位，买到医疗服务，买到血液，但是我们还有无能为力的事情，那就是我们依旧买不到尊重，买不到健康，买不到生命……在我们的人生中，其实有很多的东西都是金钱无法买到的，而那些金钱无法买到的东西也往往是我们生命中最向往的，也是我们最想得到的。

不让金钱主宰我们的生活，也不让金钱牵累我们的生命，这就需要我们树立正确的金钱观：人不能为钱而活着，在我们的生活有了保障的时候，我们要学会超然对待金钱，活出自己人生的意义；学会理财，学会支配，并且要懂得合理使用，不让金钱支配自己的生活，学做金钱的主人。在我们的人生中如果我们真的能够做到来主宰金钱，不为金钱所累，那么我们就会在生活中找到简单的快乐与幸福，也会在人生中体会到多姿多彩的生活。

人生无需太奢华，奢华有时候反而会使我们更沉重。就像是金钱，如果我们拥有的太多，有时候也会因为自己的贪欲而让自己劳累一生，也会让自己因为金钱太多而心生恐惧，不能安然生活。不要让我们的人生有那么多的牵累，也不要让我们的生活有那么多的负重，更不要让金钱来主宰我们的生活，相信这样我们会在简单中体会到快乐，也会在满足中找到真正的幸福。

心 灵 寄 语

幸福无关住宅多么豪华，也无关轿车多么豪华，当然更无关多少的银行存款；幸福有时候仅仅就是一声温暖的问候，一个小小的屋子，住着互相关爱的一家人，因为幸福往往不在于物质的多少，而在于内心的充实。让我们做金钱的主人，做一个内心充实的幸福人。

5. 减去生活的重量，提高生活的质量

美好的生活不在于数量，而在于质量。数量越多，只会占去我们过多的空间，也只会让我们感觉到负重；但是有了质量，即使数量再少，我们也能在质量中体会到生活的精髓，也能在少中找到生活的乐趣。

生活是什么？有的人说：生活是日子与日子的简单重复，在这

日复一日的重复中，我们不断地失去心中的梦想，然而，又在一次次的失望中寻求新的希望；也有的人说，生活是由无数烦恼组成的念珠，懂得生活的人是笑着读完这串念珠的，不同的人对生活有不同看法、不同的人生观，对生活的感悟也不同；当然也有人说，生活就是一张白纸，从我们呱呱坠地的那一刻起，时间就用画笔记录着我们成长的轨迹，为我们增添着自己喜欢的颜色和景物。所以每个人都有一幅属于自己的画，画的内容只有自己能读懂，别人无从晓得……其实不管生活究竟是什么，都需要我们用心去读，自己亲身去体验。当我们真正读懂了人生，真正体验了自己的生活以后，我们就会发现，其实对于生活，都是我们自己的选择，当我们选择快乐向上轻松的生活后，我们的一生就是轻松快乐的；当我们选择痛苦负重的生活后，我们拥有的也只有痛苦跟重量。

当物质生活还不是很富余的时候，很多人都喜欢用数量去衡量我们的生活。例如，在以前，人们就以拥有房子的多少与大小，田产的多少，所囤积的粮食的多少这些有形的东西去衡量一家人的富有。但是现代社会，虽然这样的衡量标准还存在于一定范围之内，可是更多的人们都放弃了这样的想法，他们把自己的视线慢慢转移到了质量方面。例如，现在的人们更喜欢去关注自己拥有的房子的地界或者装修方面的问题，关心自己的饮食，关心自己的健康，自己所受的教育或者是学历方面的问题，而不是一味地将自己的视线停留在那些看得见的数量方面。

我们都知道，在我们的生活中存在的东西太多，我们要顾及的事情也太多，并且随着时间的推移，我们所要承载的东西也会一直慢慢地增多，当然身上的包袱也会越来越重。就像在年少的时候，我们只需要记得吃饱，玩得高兴就行，别的事情都有父母的照顾；当我们读书的时候，我们很多人就只要坐在教室里面，只要记得用功读书就行，根本不用担心别的什么，可是即便这样，相对于前一阶段，我们的身上还是多了一项读书的责任；当然随着年岁的增长，我们身上的包袱也会越来越重，生活也会慢慢地给我们很多东西，好的坏的都有。例如给我们自信，给我们知识，给我们成长，给我们幸福，给我们爱人，给我们家庭，当然也会给我们家庭的压力，谋生的压力，给我们照料子女的压力等。其实不管生活给我们什么，都毫无疑问的是给我们的生活加重量，可是要知道我们的生活是有承载限度的，不管我们多么强大，最终都有一个临界点在那里等我们。所以，在我们的生活中我们要懂得给自己的生活做减法，减去那些不必要的数量，尽量地去提高自己生活的质量，让自己的生活在轻快的状态下过得充实完整。

当然对于提高自己生活质量这个问题，很多人都有自己不同的看法，不可否认的他们也都有着自己不同的但却是比较适合自己的方式，当然这个方式也是基于自己的实际情况以及他们对于生活的领悟所形成的。但是归结起来，大概也就有这样的几个可以减轻自己生活的重量，提高自己生活质量的方面。

1. 给自己的心灵卸去包袱

有的人说，高质量的生活在于高质量的心理状态。可能一听下去觉得有点玄，因为我们不知道什么样的心理状态才是高质量的。其实，高质量的心理状态很简单，那就是淡定、镇定、安定。在我们的人生中，不管遭遇什么，我们都用一个淡定的心态去面对，不给自己的心理施加那么多的压力，也不给自己的生活造就不必要的麻烦，做到宠辱不惊，笑看人生；在处理事情时不急不慌，做到镇定，这样就可以把很多事情都处理的井井有条，也会杜绝很多的错误；再有不管身在何处都有一颗安定的心，只要拥有一颗安定的心，那么不管走到哪里，我们都可以体会到幸福，找到自己的目标，那么我们可能就离高质量的生活也不远了。

2. 减去那些沉重的习惯

我们都知道，一个人的习惯在很大的程度上决定着一个人的人生，那么可想而知，习惯对于我们高质量的生活是多么的重要。多运动、多锻炼自己，那么我们的身体可能就会少去很多的疾病；少吃垃圾食品，多吃健康的水果蔬菜，均衡饮食，那么我们也就不会发生病从口入的事情；不熬夜，合理安排时间，那么我们就不会打乱自己的生物钟，当然我们的身体也就不会有那么多的毛病……高质量的生活一定要有良好的习惯来支撑，当然有了良好的习惯支撑的生活也会轻松很多。

3. 给自己一个简约的生活

减压已不是一个多么生僻的字眼，因为在我们的人生中很多人都在时不时地给自己的生活减压。不管是生活的压力还是工作的压力，总是像那一团团令人无法喘息的烟雾一样笼罩着我们的身心。所以高质量的生活是懂得给自己的生活减压的，懂得适时地放松自己，协调自己的生活，有时候给自己一点空间，给自己放一个假等。只有给自己的生活减压，那么我们才能在轻松与愉快中生活工作。

其实生活是什么样子，有时候我们可以自己去选择。就像生活中的重量我们可以自己去想办法减轻，生活的质量我们可以自己去提升。要知道，命运不管是什么样，不管生活给予我们的是什么，即使我们有时候无法选择，我们也可以调整自己接受的方式，可以在接受之余，给自己找一些乐趣。

心 灵 寄 语

减去生活的重量，提高生活的质量。这样我们才会在纷繁复杂，积重累累的人生中找到一丝轻松，找到一些可以让自己更加快乐的理由，当然我们也可以更好地去拥抱生活、拥抱自己的人生。

6. 别为今天奢华的快感，透支明天安定的生活

在我们的人生中，生命无法讨价还价，所以我们要学会倍加珍惜；健康没有什么可以替代，所以我们要随时做好准备。我们不能为了自己一时的快感而去透支明天的安定生活，要懂得储藏，要懂得科学地经营自己的人生，这样我们才会在人生中有更大的收获。

有人说相爱，就犹如给爱情开了银行账户，两个人在那一刹那就开始慢慢存爱。当然在这个银行账户中有的人拿着理财的金卡，有的人也毫不犹豫地在大胆透支，所以储存结果是有的人丰盈，有的人转账，有的人冻结，有的人甚至销了户。其实人生何尝不是这样？我们每个人其实也是给自己开了一个银行账户，账户里面储存着我们的生活、我们的事业、我们的健康、我们的梦想，以及我们所拥有的种种。当然在这个银行账户里面还是有的人懂得储存，有的人懂得挥霍，有的人丰盈充实，有的人一无所有，负债累累。

吴晶晶是个美丽高挑的女子，跟她所有的好朋友一样，她前卫、性感、喜欢享受，当然她也有一份比较好的工作作为她生活的支撑，也有一个很爱她的男朋友。每每到了周末，她喜欢跟自己的朋友一起去迪吧蹦迪，抽烟喝酒，喜欢享受那种放纵的感觉，可是她的这些行为都不能让自己的男朋友知道，因为他是一个中规中矩的人，不喜欢

她的放纵，所以她每次都是偷偷地去。可是要知道纸是包不住火的，她还是跟爱着她的他最后以分手收场。

感情的失利并没有带给她多少悲伤，所以她的放纵还是依旧，每次在蹦完迪以后她还是跟自己的朋友一起喝酒、抽烟互相吐露自己的心事，当然在迪吧里面也会认识一两个男的，时不时地来填充自己的生活，可是那样的感情总是短暂的可以让人忽略，可能根本就不算是感情，这样的生活方式一直持续在她的生命里。她的父母不在自己生活的城市，又是家里的独女，生活上没有什么压力，在这个城市她的任务就是把自己照顾好，所以她也有让自己挥霍，让自己放纵的资本。

可是随着年岁的增长，在她的生命里，似乎出现了一种让她手足无措的感觉，那就是寂寞。每次在放纵之后回到自己的单身公寓，她就有一种深深的空虚感，还有一种疲惫，那是身体上的，更是心灵上的。她把这个想法告诉了自己的那些平时一起玩的好朋友，可是令她苦恼的是她的朋友并没有给她安慰，给她好的建议，只是讽刺她庸人自扰。慢慢地她厌倦了自己这样的生活方式，也慢慢地疏离了那些所谓的好朋友，回到了自己父母所在的城市。所以在告知父母自己想稳定下来以后就开始频频地相亲，她已经是年过三十的大龄女孩，但是眼光又高，所以挑来挑去也没有找到自己满意的对象，并且在与自己父母相处的过程中也发生了一些矛盾，任性的她根本不知道如何去妥协，所以一气之下她离开了自己的父母，选择独自漂泊。她依旧还是抽烟、喝酒，有时候也喝得不省人事，上迪吧，放纵又成了生活的主旋律，但是她的生活还是那样的贫乏，在深夜惊醒的时候她依旧还是那样的感觉到寂寞，感觉到空虚。安定的生活似乎一直跟她没有缘分，她也不知道幸福什么时候才会降临。

　　吴晶晶本来可以生活得很幸福，她有亮丽的外表，良好的出身，也有不错的工作，更有一个原本爱她的男友，其实她可以像我们平常人一样组建一个美满的家庭，快乐地享受自己的人生。但是在人生本该奋斗，在爱情本该绚烂的时候她选择了透支自己的生活，选择了放纵，所以遗失掉了那些拥有的美好，丢掉了自己的幸福，只能在时间消逝，一切都老去的时候守着寂寞与空虚，过自己的人生。

　　在吴晶晶的人生账户里面，无疑几乎是一无所有，也可以说是负债累累，她没有爱情，没有美满，也没有什么梦想，她欠自己父母的恩情，欠一些健康的生活，更是欠自己一个幸福。其实并不是她的人生不如意，只是她不懂得去经营，不懂得去经营自己的感情，不懂得去经营自己的人生，所以才会在孤单与寂寞，空虚与痛苦中挣扎、徘徊。

　　在这个世界上，我们每个人都在经营，经营自己的感情，经营自己的事业，经营自己的人生。在这种种经营中其实经营自己的小生意容易，经商也容易，经营自己的事业也算容易，最难的就是能够圆满地经营自己的人生。因为人生不售返程票，如果我们错下去，那么就可能没有重来的机会。所以既然我们给自己的人生开了一个银行账户，那么我们就要懂得储存，懂得经营自己的这个银行账户，而不是一味地去透支，一味地去挥霍，一味地去暂时的享受，我们也不能因为自己今天奢华的快感，去透支明天安定的生活，也不能因为一时的冲动，去葬送明天的幸福，要知道这个银行账户并不是普通的账户，那是我们的人生，这个账户并不是我们在任何的时候想存就存得进去的，也不是我们想要弥补就可以弥补的。

　　安定幸福的生活在于储存，而不在于挥霍，甚至是透支。一个懂得人生的人是懂得储存自己的人生的，他会在点点滴滴中将那些快乐，那些幸福，那些感动，那些积蓄，那些温情，那些可以让自己丰盈的所有东西存进自己的账户，然后在以后的岁月里慢慢地享用，让自己的生活丰盈而又幸福，让自己的人生美好而无遗憾。

心 灵 寄 语

快感只是一时，冲动也只是魔鬼。所以在我们的人生中我们要懂得储存，要懂得合理享用，不能因为自己今天的奢华而去透支明天安定的幸福生活，也不能因为一时的冲动而丢掉自己的人生。人生需要合理的经营，只有用心科学地去经营，我们才能收获更大的幸福。

7. 多一点生活的感动，少一点抱怨的冲动

在我们的生命里，抱怨有时候就是一种奢华，有时候更是一种负重。其实人生无需那么多的负重，如果在我们的生活里能用一点点的感动去代替那些抱怨，那么我们就会发现原来生活可以那么轻松。

在我们的人生里很多的幸福都是来自那一点一滴的感动，很多的快乐也是来自那一丝一毫的瞬间。虽然我们的人生可能会有很多的不如意，也会有很多的坎坷，当然也会有很多的争执，甚至会有很多的抱怨与不满，但是这就是生活，也是我们的人生，我们都不得不去接受，不得不去面对，既然对于一些事情我们无可逃避，那么为何不去坦然接受，积极面对，用最好的方式去走完自己的人生旅途呢？

在我们的生活中，抱怨，可能是每个人都有过的经历。当考试不及格的时候，我们可能会说如果当初能够努力一点该多好，可能就会及格了，可能也会说老师为什么总是跟自己过不去，给及格的分数也只是举手之劳；当没有得到自己爱的人的时候，我们可能会说为什么上天这么不公平，自己的付出怎么没有回报，也可能会说为什么自己所爱的人不爱自己，自己不爱的人却总是投来爱慕的眼光；当我们工作不顺利的时候，我们可能会说自己怎么那么没用，连那么点事情也搞不定，我们也可能会说为什么自己在公司里没有靠山，没有力量让自己平步青云……所有生活中的这些都成了我们抱怨的内容。但是我们要知道，抱怨并不是解决问题的方式，也不是聪明的做事方法，反而有时候抱怨不仅解决不了任何问题，还有可能会给我们的心灵增加负担，给我们的生活徒增烦恼。其实在我们的生活中，很多事情很多烦恼我们都可以用不抱怨的方式，去温和进行有效解决，并且如果我们真的实施温和的方式，可能我们还能看到生活的美好，也会对自己的人生增加信心，给自己的生活带来一些意想不到的希望。

夏辉和李芙是一对结婚已经 5 年了的"70 后"职场忙人，他们像大多数夫妻一样有着自己的小家，但是他们尚未生育。两个人每天为了生活忙前忙后，有时候也有偶尔的出差，可能我们会想这么忙的两夫妻，家里肯定不是一尘不染，也不是井井有条，感情也肯定会有很多的摩擦，毕竟他们没有过多的时间去收拾，也没有太多的时间去沟通。可是事实正好相反，他们的小家不仅收拾的井井有条，每天也是一尘不染，而且夫妻两个的感情也是一直如胶似漆。那么他们能够如此生活的秘诀究竟是什么呢？

夏辉对自己朋友说，他跟李芙在婚后头两年也是争吵不断，经常为一些鸡毛蒜皮的事情抱怨彼此，例如李芙总是会说："家里抽水马桶都是我刷干净的，可你却连自己吃的橘子皮都不肯随时收拾掉，你想累死我呀!"等等，因为这些小事他们总是把彼此弄得心神疲惫。后来，他们觉得这样不行，彼此抱怨只会让生活变得糟糕，也会让感情有裂痕，所以他们就定了一个规矩，那就是不抱怨，多想想生活中的感动。如果谁嫌家里不够整洁，那就亲自动手整理，不准抱怨，如果看到家里很整洁，那么就想想自己的另一半的辛苦，然后带着感动去微笑；如果生活中有点不如意，也不要抱怨，而是应该去商量着解决，感受彼此的那种关注……就这样，他们两个不抱怨地生活着，也感受着彼此带给自己的感动，这样生活中就少了很多的摩擦，当然也收获了很多的幸福。

用不抱怨的方式去面对生活中的一些事情，用心去感受生命中的那些感动，这就是温和的解决问题的方式，用感动去覆盖生命中的那些抱怨，用理解去化解那些不如意。就像故事中的主人公一样，不管生活中遭遇什么，他们都能给自己一个感动，懂得用感动去覆盖生命中的那些不如意、那些抱怨，然后感受到生活的美好，让自己的心灵少一些负重。

在自己考试不及格的时候，想想那可能是老师给自己的再一次努力学习的机会，是他对自己的用心良苦以及与众不同；在自己没有得到自己所爱的人的时候，想想可能是上天给自己的一点提醒，是为了让我们以后收获更大的幸福，遇到真正属于自己的那个人；当我们工作不顺利的时候，我们也可以想想可能是老板为了考验我们，让我们的能力有所提升，让我们拥有再次进步的理由，也是为了让我们在不顺利中能够磨砺自己，攀上人生的最高峰。

生活并不会跟我们作对，命运也不会刻意地把我们捉弄，我们都是平等的人，命运给我们每个人的考验、磨砺、快乐、痛苦以及幸福等有时候也是一样的。至于在这个社会上的那些幸福以及痛苦很多时候都是我们自己的选择，当然心灵负担的轻重也是我们自己的决定，既然生命中的很多东西我们都可以自己做主，那么我们何不试着去减轻自己生活中的那些烦恼，减轻心灵上的那些负重，而让自己的人生变得轻松？

抱怨对于我们的幸福，对于我们的美好生活只是一种无能为力的奢华，也是一种多余的负重。其实人生无需那些奢华，也无需那些负重，生命在简单中有时候可能反而会得到幸福。多留意生命中的那些感动，多给自己的生活制造一些微小的感动，让这些感动去覆盖那些生活中的不满，用这些感动去代替人生中的那些烦恼，这样我们的生活可能会更轻松，当然我们也可能会在轻松中收获没有阻碍的幸福。

心 灵 寄 语

选择轻松的生活，剔除那些不必要的烦恼，让感动充盈自己的生活，让抱怨走出我们的世界，那么我们就可能在纷繁复杂的社会中找到一丝清明，心灵也会在那些炎热拥挤的人潮中感受到一丝清凉。

第二章　攀比之风是陷阱，虚伪人生没意义

人生中有很多的陷阱，生命也有很多的阻碍。但是不管有多少的陷阱，有多少的阻碍，我们都无法躲避，也都要去面对。攀比是我们人生的陷阱，也是我们生命中的阻碍，更是让我们心灵负重的一项内容。如果想要自己的人生之路更通畅，那么我们就要懂得去避开攀比这个陷阱，远离那些无意义的虚伪人生，让自己在知足与理性中走完自己的人生之路，并且感受那些真实的幸福，让自己的灵魂在真实中获得轻松与自由。

1. 虚荣之心是剧毒，小心生活被束缚

心若被束缚，那么就算是身体自由也感觉不到轻松。虚荣之心是我们人生中的剧毒，也会给我们的生活以及心灵增加很多的负担。所以在我们的生活中想要畅快，想要获得真正的自由跟轻松，那么我们就要远离虚荣之心的束缚，躲开它的浸染，让灵魂自由。

人生本该轻松，我们的心灵也本该自由，可是不安分的我们，

总是想尽办法给自己一些负担，给自己一些被束缚的理由。

很久很久以前，人们生活在最原始的状态，他们没有精美的衣服，没有名贵的首饰，也没有豪华的车房，他们只是用树叶兽皮作为遮羞的衣服，他们居住的也是天然的山洞，吃的也不是山珍海味，但是他们过得轻松，也没有什么精神上的负担，更不懂得什么是攀比，他们没有任何的束缚。可是生活在现代社会的我们，虽然有着华美的衣服，有着美丽的首饰，也有着不错的车房，但是在看到别人所拥有的比自己所有的要好的时候，我们就忍不住的去羡慕，然后去攀比，竭尽全力，有时候甚至为了自己的虚荣心而让生活透支，只为了追求心灵上的那一点点的"骄傲"，而让自己的生活负重。其实这个骄傲并不是说我们真正的骄傲，而是一种病态的胜利感，就是所谓的强烈的虚荣，也就是一个人的表现欲。

可能有人会问，虚荣到底是什么样子的？虽然我们总是听到别人提起它，但是有没有准确或者比较形象却又能够直逼人心灵的比喻呢？有人说虚荣是黑夜里隐约的星光，是天空中缥缈的游云，它可望而不可及。有些人为了去追逐那些星光，为了去追逐那些浮云而抛开了原本拥有的阳光，让自己一直生活在黑暗或者是不真实当中，而让光阴虚度，让岁月苍老，最终空留遗憾。也有人说，虚荣是一种剧毒，只要是中了毒的人都会迷失自己的方向，也会在毒发的时候丢弃掉自己的生活，丢掉自己原有的幸福……关于虚荣，其实不同的人有不同的看法，每个人也有自己独特的解说之道，当然人们也知道虚荣并不是一个多么美好的东西，可是即使知道，还是有很多的人深陷其中，让自己在虚荣的漩涡里面沉沦。

当自己的朋友有了一只名贵的手表的时候，自己也想拥有一只比她的更名贵的，虽然家里并不是很富裕，可是还是缠着自己的父母给自己买，然后在朋友的面前挣回一点面子；当别人用着名贵的化妆品，穿着品牌衣服的时候，自己虽然囊中羞涩，但是为了所谓的面子还是去用一个月的工资买了那些东西，而不顾剩下的一个月时间里面只能吃泡面的结果；看着别人的男朋友开着豪华的轿车来接送她们上下班的时候，突然觉得自己男朋友的寒酸，所以不顾多年的感情，只为钓得一个富有的金龟婿，不管有没有感情，有没有幸福，也不知自己在那时已经因为虚荣葬送掉了可贵的幸福……

男孩和女孩是一对青梅竹马的恋人。有一天，男孩女孩牵着手去逛街，当经过一家首饰店门口时，女孩一眼看见了摆在玻璃柜中的那条心形的金项链。

女孩心想：我的脖子这么白，配上这条项链一定好看。

男孩看见了女孩眼中的那依依不舍的目光，他摸摸自己的钱包，脸红了，拉着女孩走开了。

几个月后，女孩的 20 岁生日到了。

在女孩的生日宴会上，男孩喝了很多酒，才敢把给女孩的生日礼物拿出来，那正是女孩心仪的那条心形的金项链。

女孩高兴地当众吻了一下男孩的脸。

过了半晌，男孩才憋红着脸，搓着手，嗫嚅地说："不过，这、这项链是……铜的……"

男孩的声音很小，但客厅里所有的客人都听见了。

女孩的脸蓦地涨得通红，把正准备戴到自己那白皙漂亮的脖子上的项链揉成一团随便放在了牛仔裤的口袋里。

"来，喝酒！"女孩大声说，直到宴会结束，女孩再也没看男孩一眼。

不久后，一个男人闯进了女孩的生活。男人说，他什么也没有，只有钱。

当他把闪闪发光的金首饰戴到女孩身上时，也俘房了女孩那颗爱慕虚荣的心。

他们很快便在外面租了一间房子同居了。男人对女孩百依百顺，女孩暗暗庆幸自己在男孩和男人之间的选择。

对于女孩来说，那真是一段幸福的日子。

但是好景不长，在女孩发现自己怀孕了的同时，也发现男人失踪了。

当房东再一次来催她缴房租时，她只得走进了当铺，把自己所有的金首饰摆在了柜台上。

老板眯着眼睛看了一眼说："你拿这么多镀金首饰来干什么？"

女孩一下子愣住了。

接着老板的眼睛一亮，扒开一堆首饰，拿出最下面的那条项链说："嗯，这倒是一条真金项链，值一点钱。"

女孩一看，这不正是男孩送她的那条假金项链吗？

当铺老板把玩着那条心形的项链问："喂，你打算当多少钱？"

女孩忽然一把夺过那条项链就走了。

很多东西，在我们拥有的时候不知道珍惜，在失去之后，才感觉到了自己的愚蠢。特别是在我们的生命中因为那些虚荣而失去的一些东西，更是让我们深感惋惜。故事中的女孩，因为虚荣，因为那些所谓的物质的享受，而抛弃了自己青梅竹马的爱人，而与那个"有钱"的人共筑爱巢，可是当时间流逝，当一些事情发生以后她才发现，真正的爱不是那虚假的镀金首饰，而是那条说是"铜的"的项链。原来虚荣，只是那一时的畅快，最终的结果只是毁掉了自己的幸福，让自己的生活负重。

人生本该真实，我们的心灵也本该自由，在我们的生命中很多的东西不是别人拥有的就是适合自己的，也不是一定要通过物质方面的东西才能感受到幸福。拒绝掉虚荣的诱惑，摈弃那些不真实的想法，那么我们就不会因为攀比，不会因为一时的"骄傲"而让自己的生活负重，也不会让自己的心灵有所束缚。

心 灵 寄 语

虚荣只是剧毒，只是我们生命的阻碍，对我们的生活没有丝毫的帮助，有时候还会夺走我们的幸福。所以在我们的人生中，减去自己的虚荣之心，给自己的人生多一点充实，那样我们就可能会离幸福更近一步。

2. 生活无需盗版，你的地盘你做主

生活始终是自己的，而不是别人的，我们不用在别人的评价以及眼光下生活，我们也不用让自己因为别人负重。生活无需盗版，我们的地盘我们自己做主，只要是自己觉得幸福，那么不管怎么样的生活都是好的，也都是正确的。

有人说，世界上有两种人。一种人是活着给别人看的，另一种人则是活给自己看的。可能在我们的生活中有很多的人是活给别人看的。例如，当我们因为自己的贫困受到羞辱的时候，我们会说："我一定要好好干，出人头地，挣很多很多的钱，把钱当纸一样扔在他面前让他看"；当我们失恋的时候我们也会这样说："我一定要努力，到时候找个更漂亮的女朋友给她看"等等。其实活给别人看，并不是真正的有出息，也不是真正的有自尊，反而是在糟蹋自己的人生，跟自己过不去，有时候还会因为一些事情迷失自己的本性。

有时候，打垮我们的并不是别人，而是自己的心态与感觉。就像是那些活给别人看的人，活在别人的言论或者是眼光里的人，他们做事说话总是喜欢看着别人的眼色，也总是喜欢在别人的眼里找到赞扬与肯定，也喜欢用别人的标准来衡量自己的行为以及生活，当然有时候也会因为别人的一句话、一个行为而让自己的生活陷入一片慌乱之中，让自己忙碌。可是我们要知道，活在别人的眼光里，活在别人的话语里，这样只会让我们越来越累，也会让我们越来越迷茫，有时候甚至是看不清自己的方向，从而让自己的心灵承受重量。

从前有一个女孩，她从小就失去了父亲，是母亲把她带大，小的时候每次上学，同学们都欺负她，并骂她是私生子。别人也都对她指指点点，为此她整日烦恼不已。无论她走到哪里这种烦恼都如影随形，不断地折磨着她。

有一天，这个女孩受不了了，便想投水自尽，一死了之。可是，女孩刚刚跳进河中，就被人救了出来。当听完女孩的不幸遭遇时，那个救她的人劝她投入佛门，寻求解脱。

于是，这个女孩就来到了寺庙，拜访了一位禅师。将自己的不幸叙述了一遍。禅师在听完女孩的叙述之后，只是让她静静地打坐，别无所示。

这个女孩打坐了三天后，非但烦恼未除，羞辱之心反倒更加强烈了。女孩气愤不过，跑到禅师面前，想将他臭骂一顿。

禅师看着女孩问道："你是想骂我，是吗？只要你再稍坐一刻，就不会有这样的念头了。"禅师的未卜先知，让她既吃惊又心生敬意，于是，她依照禅师的教示又继续打坐了。

不知道过了多长时间，禅师轻声问道："在你未来到这个世界之前，你是谁？"

女孩脑子里的某根弦仿佛突然被拨动了一下，她合上双手捂着脸，随后便号啕大哭起来："我就是我啊！我就是我啊！"

很多时候，由于我们自身环境的变化，因为外界的一些原因，我们会忘记了自己是谁，自己活着的意义，我们会迷茫、会失望、会绝望。就像是故事中的女孩一样，当她被烦恼缠身，当她在别人的眼光中生活不下去的时候，她想到了放弃生命，结束自己的人生。可是她不知道结束了自己的生命并不是真正的解脱，也不会真正的去掉心灵上的那些负重，只是一种逃避。当她皈依佛门，经过一些挣扎与思考之后才认识到，原来那些生命中的苦痛只是因为自己没有看清自己是谁，自己一直生活在别人的眼光下造成的恶果。

生活是自己的，不管我们贫困还是富有，不管我们快乐还是痛苦，那都是我们要过的生活，也是我们自己要走的人生之路。别人给我们多少的鼓励，别人给我们多少的安慰或者是建议都于事无补，也代替不了我们自己的苦痛与悲伤；别人给我们多少的嘲笑，给我们多少的羞辱也夺不走我们的快乐与幸福。我们不用去羡慕别人的生活，也不必去照着别人的方式去生活，更不要因为别人的言辞或者是态度而让自己心生烦恼，产生压力。因为生活无需盗版，人生也不能复制粘贴，我们的生活只能我们自己来过，我们的人生之路只能我们自己来走，我们的地盘需要我们自己来做主。如果将自己的生活交到别人的手中，如果一直在别人的眼光中生活，如果一直要求自己变成别人希望的那个人，那么我们永远也感觉不到幸福，永远也品尝不到生活的甜美与芳香。

过自己的生活，走自己的人生之路，在每一次选择中都忠于自己的内心，那么我们也会觉得舒心自由。身体是我们自己的，生命是我们自己的，当然灵魂也是我们自己的，那么我们为什么要活给别人看呢？为什么不做自己人生的主人？为什么不做人生舞台上自己的那个主角？真诚地去对待人生路上的所有，真诚地对待人生中的那些得失，真诚地对待自己，真诚地对待别人，以一份坦然与豁达去走自己的人生之路。

活给自己，笑给自己，感动给自己，真诚给自己，把幸福的钥匙把握在自己的手中，把豁达与自由印在自己的灵魂深处，做那个独一无二的自己，释放那颗独一无二的灵魂，这样我们就不会因为别人的言语或者是情绪左右自己的生活，也不会因为别人的想法或者是行动让自己的生活负重。生活无需盗版，我们的地盘我们做主，只有主宰了自己的生活，我们才能掌控自己的命运。

♥ 心 灵 寄 语

没有盗版的生活处处都是惊喜，没有盗版的生命充满着感动。让我们走自己的路，坚持自己的坚持，把握自己的命运，在独一无二的生命里感受那一些轻松，给自己的生活轻松地减去负重。

3. 生活风情千万种，安享小窝最踏实

生活风情万种，世界也让我们眼花缭乱，人生短短数十载，经不起折腾。所以在风情万种的生活中找到属于自己的一段风景，然后安然来度，那么我们的人生就少了很多的麻烦，我们的生活也会减去很多的负重。

在每个城市，在城市的每个角落我们都会看到炫目的霓虹灯，看到那些熙熙攘攘，快乐悲伤的人群。不管我们的生命中正在上演着怎么样的幸福，经历着怎么样的痛苦，擦肩而过的人们还是依

旧，依旧有着他们的辛酸，有着他们的幸福，与我们没有任何的关联。所以，我们都是藏身于社会的灵魂孤寂的个体，即使当我们置身人群，还是只能感觉自己的悲伤，享受自己的幸福。生活风情万种，如果我们想要全部去追寻，那么我们就可能一无所获，反而让自己疲惫不堪而告终。

一个懂得生活的人，肯定懂得人生的一些哲学，他们知道在这个纷繁复杂的社会中怎么样才能得到更多的幸福，他们也能够让自己在原本孤寂的世界里面找到温暖，保持住一些幸福。他们懂得不管我们拥有多少财富，不管我们经历了怎么样的磨难，不管我们走出去了多远，不管我们是多么的贫穷，只要守住自己的那个小窝，安享小窝里面的幸福，那么不管生命中经历什么，不管人生拥有什么或者失去什么都无关紧要，因为在小窝里会得到踏实，会得到幸福，这就是真正的也是最真实的生活。

可是在我们的周围还是有很多的人，他们停不下自己追寻的脚步，也停不下自己那颗躁动的心，即使在追寻中没有得到任何的安慰，没有一点的幸福，他们还是不知道停下来。因为他们想要的太多，他们想要追寻的也太多，当然如果说的更真实一点是他们还不知道什么才是真正的幸福。当别人住着大房子，开着豪华的轿车的时候，他也想要拥有，所以把自己的一生奉献给那些物质；当别人灯红酒绿，左拥右抱的时候，他想想自己家中的那个黄脸婆就觉得委屈，所以在风月场合去放纵，而让自己的内心充满愧疚，满是虚空……生活就像是一个涂满着各种颜料的画板，如果我们不仔细去找寻，让那些别的色彩迷惑了自己的双眼，那么我们就很难找到属于自己的那种色彩，当然也就不能在那份色彩中感受到幸福。

男人已经45岁了，女人比他小3岁。一直住在一间小小的房子里，有些阴、有些潮。身边不断有人买了新房，女人便很羡慕地看着人家搬家。男人开始认真地打听，每平方米多少钱，要贷多少款，每月还多少，要还多少年。

两个人一起去看房，三室一厅的房子，很宽敞、很阳光，大大的落地窗好像把所有的温暖都拥在怀中。女人眼前一亮，这就是她这么多年来一直希望住上的地方。男人则在默算这房子的面积与入住费用，很贵，对他们这样的工薪族来说实在太贵了。所有的积蓄都要拿出来做首付，10年按揭，每月要还近2000元的贷款，那是两个人月薪的一多半啊。可看到女人欣喜的眼神，他终于将"换个小点的吧"这句话咽了回去。女人跟了他20年，没享过什么福，好不容易看到这么喜欢的房子，今后的10年就再辛苦一些，然后就可以和她在这美丽的房里安享晚年了。

付了首期，钥匙拿到了，两个人站在宽大的阳台上，一时间竟如新婚一般激动，男人仿佛又回到25岁那一年，兴奋地迎娶他的女人，并坚信可以给她幸福。女人安静地靠着他的肩，絮絮地说着以后房间如何摆设。

想法是美的，但钱毕竟不多，所以男人算来算去地计划着如何才能节省一些。瓷砖买来了，男人挥手打发走了送货的，一个人往上搬，以后的什么都是自己动手。冬去春来，这新家渐渐有了模样，可是在一次整理家具的过程中，男人累的晕倒了。

接下来的日子，女人差不多天天以泪洗面，男人被送到医院后被检查出一大堆病，不得不住院，住院期间花去了很多的费用。过了不久男人就出院了，身体仍是虚弱的，毕竟快50岁的人了，体力透支太多，不是一时半会儿就能恢复的。回到家，他就张罗着去看新房："等我再休息几天，把壁橱打好我们就可以搬过去了。"女人正在煮汤，轻轻地说了一声："不用去了，那新房，我已经给卖了。"

男人呆在原地,一瞬间他就明白了,那住院抢救的费用全是卖房的钱!他觉得心里的血在一点点凝固,自己拼命地干不就是想让心爱的她早日住进那充满阳光的大房子吗?女人端了汤,用调羹轻轻搅着递过来,清澈的眼里竟不再有泪:"别想了,那房子我确实喜欢,但我不能为了房子失去你。只要你还健康地在我身边就比什么都重要。"男人搂住女人,百感交集,20年了,自己竟然连一套大房子都给不了她!女人仿佛读懂了他的心思,挣出他的怀抱温柔地说道:"你虽然没有给我大房子,但你却给了我幸福。"

有人说,每个人都在寻找一个行李,里面装着一个开始,住着一个名字,有着一段幸福。故事中的夫妻二人,为了一所房子而不断地努力,就像是我们社会中很多的人一样,为了买到房子而不断地吃苦,不断地积攒。可是我们不知道,当真正地了解了生命,真正地感悟了生活,真正地感受到了幸福,我们就会发现,其实一切外在的形式都不是那么重要,重要的是我们的心、我们的感觉。就算是住在又阴又小的房子里面,只要有爱就是幸福,就算住在宽敞明亮的屋子里面,没有爱没有感情也是痛苦。

生活总是风情万种,就算穷尽一生我们也可能无法完全追寻。所以,安享自己的生活,安享自己拥有的幸福,安享自己的小窝,这才是最真实的,也是最轻松的生活。

心灵寄语

人活着不管我们做什么,其实都是为了让自己活得更好,当然每个人也会选择最适合自己的方式去追寻那些美好。生活总是风情万种,如果能在风情万种的生活中找到属于自己的那段风景,然后慢慢欣赏,相信我们就会拥有幸福。

4．少一点要求，多一点满足

人生就像是一场跋涉，我们必须学会及时为自己减负，只有这样我们才能不被生活所累，我们也会过得幸福。在人生中少一点要求，多一点满足，我们的心灵才会得到更多的欢快，我们也才能在轻松与满足中感受最真的幸福。

在我们的社会中常常会听到有人在抱怨自己的生活，也在抱怨上天对自己的不公，他们抱怨自己的爱情友情以及工作，抱怨自己的付出没有得到相应的回报。其实生活中那么多的抱怨都没有用，老天对任何人都是公平的，它赐给我们生命，也在我们的生命中增加了一些色彩，但是那些色彩都是纷繁复杂的，需要我们自己去选择。当然如果我们选择的多了，我们肯定会感觉到迷乱，会感觉到沉重，如果我们选择的少了，自然就能轻松地理清楚，并且自由地搭配。在生活中，我们需要少一点要求，多一些满足，从而让自己的心灵减去一些负重，增加一些幸福的味道。

我们每个人都是平凡的，也只是茫茫人海中的一员。不要要求自己身边的人多么的优秀，也不要对自己的要求太高，人生只要做到没有遗憾就可以了，人生也只要追求到幸福就应该满足。可能我们会说幸福真的很难追求到，人生也很难没有遗憾，其实的确是这样，可是我们要知道，每个人对幸福的定义不同，对自己的要求也不同，当然获得幸福的难易程度就不一样。如果在我们的生命中，能把自己的要求降低一点，能够把自己对幸福的定义放小一点，那么可能幸福离我们就不会那么遥远，生活也就不会那么艰难，而我们也就不会活得那样的辛苦，心也就不会感觉到那么劳累。不要再去抱怨上天的不公，也不要再去抱怨自己命运的不济，学会知足，学会在自己所拥有的东西中寻找幸福，学会在一些可以触及的梦想中实现自己的人生价值，这样我们的人生之路可能会走得更好点，我们也可能会少去很多的疲倦，多一些轻松，也会少去很多的坎坷，收获一些欢乐。

人生之路本来就是我们自己选择的，那些苦痛、那些欢乐也是如此，那些沉重、那些轻松与自由更是如此。学会给自己的生活做减法，学会给自己的心灵减去一些负重，就是懂得在自己的生活中少一些要求，多一点感动与满足，懂得在那琐碎的生活中寻找感动，懂得在那平凡的日子里感受幸福。

心灵寄语

在我们的人生中，少一点要求，生活就会少一点劳累、少一些疲倦，心灵也就会减去一些负重，多一些自由。学会满足，满足于那些平凡，满足于那些琐碎，我们就会在那些平凡与琐碎里面感受到人生的意义。

5. 时髦追不完，别因跟风太疲惫

有时候让自己的脚步太紧，让自己速度太快，我们就会感觉到莫名的疲惫。其实生活也是一样，如果我们总是想追求时髦，总是想跟着社会的风潮，那么我们就会给自己太重的负担，也会给自己无形的压力，让自己疲惫不堪。

英国诗人蒲伯说："我无法追随反复无常的时髦，它每天似乎要产生不同的风格。"的确如此，时髦总是一个让人琢磨不透的东西，是对一种外表行为模式的崇尚方式。时髦，意味着新颖、独到，当然也意味着追随与效仿，形成一种潮流。但是这种潮流有一些特征，就是具有短暂性、新奇性，并且有时候还会让人产生一种心理上的满足。在我们的生活中不难看到有些人，他们总是知道每年流行的各种服饰，流行的饮食，流行的色彩，当然在他们的身上我们也可以看到那些流行的元素。有时候我们也可以听到他们在别人面前的侃侃而谈，那时觉得他们很厉害，似乎什么事情都知道的样子，但是我们不知道在他们追求时髦、追求潮流的背后付出的是怎样的努力，承受的是怎样的压力。

有人说，现代社会是一个开放的社会，也是一个变幻莫测的社会，需要我们敏锐的洞察力，也需要我们大胆地去尝试，不可否认的，在我们社会中的很多人都有一颗大胆的心。他们为了追求时髦，为了跟风，几乎可以说什么样的事情都敢去尝试，有时候甚至是关乎自己的生活，关乎自己健康的事都不去思考，凭着自己的意味一味地任性去做事。

话说刺猬大姐很爱赶时髦，可是漂亮的衣服一穿到身上就被刺扎破了。刺猬大姐想了半天，终于想出了一个好办法。

第二天，刺猬大姐穿着高跟鞋来到新世纪美容中心。她跷着双腿坐到理发椅上，用唱歌般的声音对螃蟹理发师说："师傅，把我身上的刺剃掉，再剪一个最时髦的发型。"

螃蟹理发师用它的大钳子三下两下就把刺猬大姐身上的刺剃完了。然后又修了一头假发装在刺猬大姐的头上。刺猬大姐对着镜子一照,觉得自己很漂亮。她涂上口红,穿上美丽的衣服,走出了美容中心。

刺猬大姐走着走着,见一只老虎向她扑来。她瞪了老虎一眼,没好气地说:"走开,没见到本小姐正在散步吗?"

刺猬大姐心想,平时老虎最怕我,我今天这样打扮,它不是更害怕吗?可她不明白,老虎怕的是她身上的刺,如今没有了一身刺,老虎用不着再怕她了。刺猬大姐还没明白是怎么一回事,就成了老虎的一顿美餐啦。

刺猬大姐为了追求时髦,剃掉了自己一身的刺,也剃掉了自己的安全,所以才会成为老虎口中的美餐,葬送了自己的生命。可能在我们的人生中我们会想,我们不会像刺猬大姐那样为了追风,为了赶时髦连自己的安全也不顾,连自己的性命都不要,我们会把握住那个追求的尺度,我们也能够知道如何的去安全地追求时髦。的确不错,可能我们不会因为追赶时髦让自己的生命受到威胁,不会不顾自己的安全,但是我们却不能保证自己不会因为追求时髦而让自己的心灵负重,让自己的生活陷入一片窘迫。

岑青是一个幸福的女孩,她的父母都在国企上班,一家人日子也过得不错。可是让岑青的父母苦恼的是岑青的学习并不好,所以在考高中的那一年只能勉强上一个私立的高中,可是也就是上了这个高中以后,岑青让自己的父母没有过上一天的好日子。究竟是什么原因呢?

原来岑青上的这个高中不仅是一所私立的高中，还是市里的"富二代"集聚的地方，在这个高中里面学生最关注的不是学习，也不是成绩，而是名牌，是时髦。同学们总是在一起谈论名牌包包、名牌手表、名牌手机，以及名牌衣服，也总是追赶时髦。看着自己的同学每天都是名车接送，一身的穿着也总是上万，拿的东西更不用说，岑青的心里也开始有了动摇。可能刚开始的时候，岑青还能把握住自己的心，还能告诉自己来学校是为了学习，但是渐渐地她和身边的同学开始交谈，慢慢地和她们走近以后，她也把握不住自己的那颗心了，她也开始了追赶时髦的生活。

可是家庭原本就只是一个小康家庭，哪里经得起岑青追赶时髦的折腾，在央求自己的父母买了几件名牌的衣服后，岑青向目前比较火热的 iphone 手机进军，可是也就是这款手机引发了父母的不满，经过与父母的一番对峙以后，岑青怎么也不相信平时疼爱自己的父母会说自己不懂事，是个败家女。这样的话岑青从来都没有听到过，她也从没有看到父母如此生气过。可是看着自己的同学都有了那款手机，岑青的心沦陷了……

岑青本来拥有不错的生活，但是因为跟风，因为追求时髦而为自己的心灵增添了沉重的负担，也让自己与父母的关系产生了矛盾，让自己感受到了从没有过的哀伤。其实想想真的值得吗？为了跟风，为了追赶时髦一切都不顾，不顾自己家庭的和谐，不顾自己父母的劳累，不顾自家的经济状况，这样的做法真的值得吗？我们追赶到了时髦就真的会快乐吗？

其实生活并不需要一些物质去充实，我们的心灵也不需要那些时髦去填补，在人生的道路上我们要懂得去完善自己的内心，去充实自己的内心，而不是让那些攀比、让那些跟风去劳累自己的心灵，去打乱自己的生活，去损害自己的幸福。

心 灵 寄 语

时髦总是追不完的，不要因为跟风让自己的心灵太过疲惫。精彩的人生在于内心的充实，真正的人生，也在于素养的提高，一切时髦的东西都会过时，真正不会过时的是我们的心，是我们在平淡中感受到的那份宁静与幸福。

6. 别用嫉妒折磨别人，别因嫉妒伤害自己

有人说，嫉妒是一条毒蛇，专门啃咬我们的心；也有人说，嫉妒是一把双刃剑，在折磨别人的同时也伤害了自己。嫉妒会让我们的生活还有心灵脱离正常的轨道，也会让我们承受负担，想让自己的人生舒适轻松，我们就要懂得抛开嫉妒，让自己的心灵正常呼吸。

古人曾说过：嫉妒从不休假，因为它总在某些人心中作祟。嫉妒是一种产生自我们心里的恶魔，它随时都在准备着折磨我们或者是祸害别人。有人说爱情和嫉妒都会使人衣带渐宽，而其他感情却不会这样，因为其他感情都不像爱情和嫉妒那样寒暑无间。嫉妒是一种感情，但是这种感情却带有魔鬼的固有属性，它总是喜欢在暗中施展诡计，偷偷地去损人又害己。

人生其实有时候就像是一朵花的历程，如果我们开得娇艳动

人，那么我们就有可能惹来很多的嫉妒，只要我们有让别人嫉妒的资本，那么我们的生命就有可能会在来不及绽放美丽的时候被那些嫉妒的心、嫉妒的同伴折磨致死。因为嫉妒有时候会扼杀生命，有时候会抹去别人的梦想，阻止别人的绽放。

可能我们会说，嫉妒只是阻止了别人的前进，对自己又造不成什么损失，为什么不去做呢？可是我们不知道，嫉妒并不仅仅是一个简单的东西，也绝不是我们想象的那样美好，有人说嫉妒是一把双刃剑，在折磨别人的同时也伤害了自己，其实一点也没错，嫉妒就是一把双刃剑，害人害己。

话说小竹跟小敏是一对非常要好的姐妹，她们一起长大，风雨共担。姐妹俩的感情极好，但是就因为一个人的出现，而扰乱了所有的生活，也扰乱了她们的感情。

小竹在一家公司工作，认识了一个叫做阳光的年轻人，他们两个一见钟情，很快就坠入了爱河，并且着手开始订婚。可是小竹不知道，当她把自己的男朋友带回家的那一刻起，小敏就深深地爱上了自己未来的姐夫，看着他们两个的亲密与恩爱，小敏心生妒意。她不能让自己得不到的人成为姐姐的爱人，她觉得毁灭是最好的办法。

一天小敏将玻璃器皿磨成粉状，为了验证这样做的效果，她倒了一些在水塘，水塘里的鹅误食便死掉了。于是当小竹为阳光准备蛋糕时，小敏就把玻璃粉末加了进去。因为是小竹亲手做的食物，所以阳光自然就多吃了一些，于是这对姐妹爱慕的小伙子阳光就当场毙命。可能是小敏害怕引起怀疑，于是也吃了一块，虽然没有死掉，但因此落下了终身的疾患。发生这样的事情，小竹悲痛万分，也发誓不再爱他人。

小敏因爱生妒，还因为自己的嫉妒之心让三个人同时丧失了幸福。为什么要这样呢？小敏为什么就偏偏要爱上自己姐姐的恋人呢？为什么不去克制一下自己的嫉妒而成全别人的幸福呢？当然作为旁观者，我们不是本人，当然也不会想清楚这些事情，但是我们可以明确的知道，嫉妒真的是魔鬼，不仅腐蚀了我们自己的身心，而且也会伤害别人。

　　有一个人遇见上帝。上帝说：现在我可以满足你任何一个愿望，但前提就是你的邻居会得到双份的报酬。那个人高兴不已，但他细心一想：如果我得到一份田产，我邻居就会得到两份田产了；如果我要一箱金子，那邻居就会得到两箱金子了；更要命的是如果我要一个绝色美女。那么那个看来要打一辈子光棍的家伙就同时得到两个绝色美女……他想来想去总不能决定提出什么要求才好，他实在不甘心被邻居白占便宜。最后，他一咬牙："哎，你挖我一只眼珠吧。"

　　为了不让自己的邻居得到比自己多的好的东西，而宁愿去伤害自己以便让邻居得到双倍的伤害，这不就是嫉妒的真实写照吗？既然我们知道嫉妒之心会给我们带来这么多的伤害，也会给别人造成不必要的麻烦，更会给我们的人生增添很多的负担，让我们的心灵不得安宁，那么我们应该如何去减少自己的嫉妒之心呢？

　　首先，我们要懂得见贤思齐。

　　话说嫉妒之心是因为别人有我们所羡慕的东西，别人有我们嫉妒的资本，也就是说别人超过了自己。可是我们都知道一个有道德的人，一个思想端正的人，一个知道进取的人，在他发现有人比自己做得好的时候，往往能够激发自己的进取心，去努力超越别人，让自己在超越别人的同时取得成功。

其次，我们要调整自己的心态。

其实嫉妒是一种不良的心理，也是一种不正常的心理状态。一个人一旦有了嫉妒之心，往往就不能看到事情的本质，会被自己的嫉妒之心所祸害，让自己心理扭曲，并且承受很大的压力。在我们感觉到有一些嫉妒的时候，如果能够果断地去调整自己的心态，以正确的方式来看待发生在自己身边的事情，那么我们就不会因为嫉妒而让自己的身心备受折磨。

最后，我们要保持开阔的心胸。

有人说一个心胸宽广的人，是不会嫉妒别人的。所以想要走出嫉妒的陷阱，我们就要让自己有一个开阔的心胸，不断地加强自身的修养，让自己的身心感受到真正的轻松与自由。当然我们也可以学学身边那些心胸宽广的人，在他们的影响下，我们的身心也会慢慢变得开阔起来，当然我们也会少去嫉妒的折磨与祸害。

总之，嫉妒是很不健康的心理，也会给我们的人生带来很多的祸害，给我们的生活造成很多不必要的麻烦，更会祸害别人的幸福。不要让嫉妒这把利刃割伤自己，割伤他人，懂得生活的人，懂得给自己的人生减重的人是不会让嫉妒祸害自己的生活，增加心灵的压力的。

♡ 灵 寄 语

给自己的生活减去一些嫉妒之心，那么我们的人生就会少去一些不必要的负担，我们的心灵也就会少去很多的不安与折磨，当然我们就会感受到更多的美好与舒适，就能够真正地呼吸生命中的新鲜空气。

7. 别拿钻石当幸福，别靠炫耀过生活

有了硕大的钻石，但不一定就拥有了幸福，有了炫耀的资本也不一定真正过得开心。幸福与开心是一种来自心灵的满足，只要我们过得充实，心灵能够舒适，那么即使我们没有钻石，没有值得炫耀的东西，也可以拥有快乐和幸福。

有人说，你想知道一个人的内心缺少什么，不看别的，就看他炫耀什么；你想要知道一个人自卑什么，不看别的，就看他掩饰什么。炫耀，很多时候都是我们为了博得别人的羡慕，甚至是嫉妒，从而实现自己的一种心理上的满足。可是我们要知道，这种心理上的满足并不是我们真正拥有的，而是靠着别人的羡慕从而让自己有一种优越感产生的，这并不可靠，也并不能长久，真正的心理上的满足并不能靠别人获得，而是要靠自己，靠自己真实的感觉，只有这样获得的满足才能长久，才是真正意义上的满足。

当然在我们的生活中，我们发现有很多的人喜欢去炫耀，炫耀自己美满的生活，炫耀自己的幸福，炫耀自己的钱财。可是他们不知道，在他们炫耀过后得到的不仅不是别人的承认，有时候还是别人的厌恶或者是别人的嘲讽。

李枫和王华在上大学的时候原本是一对很好的朋友，但是走上社会并且结婚之后，二人就很少联系了，毕竟到了不同的城市，有了各自的生活。可是在一次不知是谁发起的大学同学聚会上，她们又见面了，朋友相见，分外的亲热，所以她们就拉着手谈着各自的

生活、各自的工作还有家庭。通过谈话李枫才知道，原来自己的好友就跟她生活在同一个城市，只不过王华生活在郊区，她生活在市中心，但是还是离的很近。经过短暂的相聚后，她们相约到各自的家里去做客。

原本以为王华跟自己的生活差不多，是小康的日子，但是到了王华的家里她才知道，原来王华嫁了一个有钱的老板，过着少奶奶的生活。她家的房子不是自己家里那有点拥挤的商品房，而是令人羡慕的别墅，回家也不用挤公交车，而是有专车接送。李枫觉得王华一定生活的很幸福，看她手上所佩戴的钻戒就知道，她根本不知道那是几克拉的钻戒，也不知道值多少钱。当然王华也不会在李枫的面前谦虚，她说自己的老公很疼自己，并且总是给她买很多的礼物，根本不顾及钱的多少，她肆无忌惮地在自己的好友面前炫耀着自己的幸福，自己的富有，毫不顾及朋友的感受。当然刚开始听到王华的幸福，李枫很为她高兴，因为她觉得王华找到了自己的幸福。但是通过后来慢慢地接触，王华说的多了，李枫心里也有了一点抗拒感，因为她觉得没必要每天把自己的幸福跟富有挂在嘴边，也没有必要每天晒着自己的快乐。

有一次，李枫应邀去王华家里做客，碰巧看见王华的老公也在家里，这是她去王华的家里很多次唯一一次看到王华的老公。不可否认王华的老公一表人才，是那种事业型的男子，她很友好地跟王华的老公打招呼，当然也得到了他的回应。但是总觉得有种怪怪的感觉在王华跟她的老公之间流转。那天李枫并没有感觉到王华的老公对王华的爱意，而更多的则是他与王华之间的冷淡与疏离，并且她在上完洗手间后还听到了王华跟她老公之间的争吵，大概内容是她老公原来已经几个月没有回家了，并且明白地告诉王华自己在外面有了爱的人，要跟她离婚，还有一些关于财产的纠纷问题……

李枫当时就懵了，并且有些愤怒，自己的朋友不是过得很幸福吗？怎么会出现这样的问题，想到她对自己的欺骗，还有在自己面前的炫耀，李枫觉得很不可思议，也为王华感觉到很悲哀，当然她也慢慢地疏远了王华，因为她觉得王华对自己并不真实，只是为了在自己面前感觉到一些优越，从而填满自己的空虚。

　　王华虽然拥有硕大的钻石，拥有少奶奶般的生活，但是在她的生命里并没有真正意义上的幸福，而只能靠着在别人面前的炫耀维持自己心理的满足。这是怎样的一种悲哀，更是怎样的一种讽刺。可能在我们的生活中仍旧有很多的人都用这样的方式生活着，也用这样的方式麻痹着自己。但是他们不知道，在他们麻痹自己，炫耀的同时，他们可能失去的会更多，有时候还会白白地丧失自己的快乐。

　　不管在我们的生命中拥有些什么，不管我们缺少什么，只要我们用心去生活，回归到现实中感受自己的生活，不要用炫耀去麻醉自己的内心，也不要用炫耀去招致别人的嫉妒或者不满，那么就算我们真的缺少幸福，我们也有机会可以寻到。

　　炫耀是一种悲哀，也是一种负担，更会腐蚀我们的身心。如果我们拿着自以为会让别人嫉妒的资本去炫耀，得来的可能并不是自己当初设想的结果，而是别人的不屑一顾或者是鄙视的神情，那时我们定会感觉到失望，也会感觉到一种挫败，一种无以名状的痛苦。

　　生活是真实的，我们的人生也是真实的，为什么不去好好地过生活，而是想靠着别人的羡慕、别人的承认、别人的嫉妒去填充自己的生活，填充自己的心灵？炫耀很多时候是因为我们内心真的缺少那样东西，很多时候也是自己不确定自己真的拥有，而借助别人的肯定增加自己的信心，可是这样真的有必要吗？如果我们要靠别人的认可生活，那样我们会不会生活的很累、很虚伪？不要拿钻石当幸福，也不要靠着炫耀过生活。人生很真实，需要我们自己用心去感受，也需要我们用心去获得自己的幸福。

心 灵 寄 语

炫耀的生活并不真实，充满炫耀的人生也只是虚伪。所以想要自己真正地快乐幸福，我们就应该放弃那些虚无的炫耀，认真地过自己的生活，在真实中感受到生命的愉悦。

8. 撇开盲目的追逐，给人生准确的定位

砖头垒起来的不一定就是官殿，也可能是无法逃出的囚笼；泥土堆积起来的不一定就是穷苦，也有可能是别样的幸福。在我们的生活中不能盲目地去追求，也不要盲目地去下手，我们要有明了准确的定位，把握好真正的人生。

在我们的生活中总有那么一些人，他们忙忙碌碌、竭尽所能、追逐一生，可是到头来才知道追逐的并不是自己当初所想的，得到的也并不是自己真正想要的。这是什么原因呢？可能我们会有所疑惑，但是面对这样的结果，有的人说他们可能是不知道满足，也有的人会说可能经过那么长时间的追逐，他们也不知道自己真正想要的是什么……其实每一种说法都有其可成立性，但是归根结底在他们的人生中，并没有找准自己的人生目标，也没有给自己准确的定位，所以才会追逐错对象，才会对自己追逐的结果不满意，才会在那碌碌的追逐中给自己的人生增添负担，给自己的心灵造成遗憾。

　　话说唐太宗贞观年间，长安城西的一家磨坊里，有一匹马和一头驴子。它们是好朋友，马在外面拉东西，驴子在屋里拉磨。贞观三年，这匹马被玄奘大师选中，出发经西域前往印度取经。

　　17年后，这匹马驮着佛经回到长安。它重到磨坊会见驴子朋友。老马谈起这次旅途的经历：浩瀚无边的沙漠，高入云霄的山岭，凌峰的冰雪，热海的波澜……那些神话般的境界，使驴子听了大为惊异。驴子惊叹道："你有多么丰富的见闻呀！那么遥远的道路，我连想都不敢想。""其实，"老马说，"我们跨过的距离是大体相等的，当我向西域前进的时候，你一步也没停止过。不同的是，我同玄奘大师有一个遥远的目标，按照始终如一的方向前进，所以我们打开了一个广阔的世界。而你被蒙住了眼睛，一生就围着磨盘打转，所以永远也走不出这个狭隘的天地。"

　　驴子和马行走的是一样的距离，但是获得的却是不同的结果。驴子只是被蒙住了眼睛，并不是说它不勤奋，没有能力，只是它没有一个明确的目标，没有给自己找好定位，所以它的一生都没走出那个狭隘的天地。其实我们的人生也是如此，如果没有找准自己的目标，那么我们就只能碌碌无为。但是在我们的生活中很多人都是有自己的目标的，但是有了目标，经过了努力，他们有时候也是没有得到自己想要的结果，这又是为什么呢？其实关键的一点就在那"准确"二字上面，只有我们的目标是明确的，我们的定位是准确的，那么经过努力，我们才可以得到自己想要的。

　　俗话说，骑白马的不一定是王子，可能是唐僧；带翅膀的也不一定是天使，有时候是鸟人；开宝马的不一定就是有钱的人，也有可能是宝马维修店的工人。很多事情并不是我们表面上看到的那样，他们可能会像变色龙一样，为了伪装自己本来的面目，为了自己的一些目的而披上迷惑人的外衣，让我们无从分辨。当然我们的梦想我们的目标有时候也是这样子，所以要想自己沿着真正想要走的路线行走，想要得到自己真正想要的结果，我们就要学会识别究竟骑着白马的哪个是王子，带着翅膀的哪个是天使，在我们行走的道路上哪条路才能真正到达我们梦想的彼岸，才能真正得到我们想要的。

很多年以前，在美国新泽西州的西桔车站，有一个衣衫褴褛的人从一列货车上跳下来，他叫爱德温·巴尼斯，当时还是一个街头流浪汉，看上去，他和其他形形色色的流浪者没有什么区别。

但这个人的内心里有着一个远大的理想，他想成为托马斯·爱迪生的合伙人。不久，他进入爱迪生的公司，成为一个小职员，除了他自己，没有人会相信他将成为爱迪生的商业伙伴。

第一次来到爱迪生的公司时，他就表明要做爱迪生的合伙人，但结果收获的是职员们的无情嘲笑。除了他自己，似乎没有人相信他最终会成为爱迪生唯一的合伙人。

巴尼斯并没有因此气馁，而是从最底层的清洁工和设备维修工做起，薪水仅能糊口，并且这一做就是许多年。直到有一天，他听到爱迪生的销售人员在嘲笑一件最新发明品——口述记录机时，他才开始走运。销售人员认为这个东西一定卖不出去；为什么不用秘书而要用机器呢？这时巴尼斯站出来说道："我可以把它卖出去！"

从此，他便得到了这份销售工作。

巴尼斯用了一个月时间，跑遍了整个纽约城，卖掉了7部口述记录机。当他抱着拟好的全美销售计划回到爱迪生办公室时，一个伟大的目标实现了！他成为爱迪生口述记录机的商业伙伴。

巴尼斯明确地知道自己想要的是什么，所以为了实现自己的目标，为了自己的那个定位，他不断地努力，不断地坚持，终于实现了自己的目标,实现了自己的梦想。可能我们会想究竟是什么原因让巴尼斯获得了成功?是他的努力?他的坚持?还是他的机遇?还是他给自己明确而又准确的定位?其实都是,这都是他获得成功的必不可少的因素,但是其中给自己准确而又明确的定位是至关重要的一点。

给自己的人生一个好的定位,并且定好了位之后能够持之以恒地去坚持去努力,那么我们就会离自己的期望以及梦想很近。这样我们的一生也不会在碌碌无为以及遗憾中度过,我们的心灵也不会因为自己的不满足以及后悔而备受压力,受到伤害。

心灵寄语

找准自己的目标,明确自己的定位,揭去那些笼罩在我们人生中的华丽外衣,那么我们就会知道,虽然砖头垒起来的不一定是宫殿,但是我们还是能够准确地找到那些宫殿,看到骑着白马的王子。

第三章 繁琐人生太纠结，回归自然反轻松

　　有人说生活太重，有时候我们无法承担。其实真正让我们感觉到沉重的并不是生活的本身，而更多的是我们那颗有了重负并且不断纠结的心灵，也是我们给自己的生活不断施加的压力以及不懂得减轻重负的行为。繁琐的人生太纠结，不仅会累坏我们的身体，更会牵累我们的心灵。人生其实没有那么多的繁杂，只要我们懂得简单的道理，懂得去回归自然，懂得减轻自己人生的重负，那么我们也会感觉到轻松。

1. 简单的近义词就是轻松

　　人生本该轻松，心灵也本该无负。可是在繁杂的社会中，我们给自己的人生增加了太多的束缚，给自己的心灵增加了太多的重负。其实让繁杂的事情变得简单，让束缚的灵魂得以释放，我们就会变得轻松，因为简单的近义词就是轻松。

　　在我们的生活中，总会听到一些人在抱怨，抱怨自己的压力太大，抱怨自己身上的责任太重，抱怨自己生活的太紧张，一点都不

知道什么是轻松，什么是真正的幸福……的确如此，因为当今社会是一个繁杂的社会，也是一个让人不断纠结的社会，人们也慢慢地成为了这个繁杂社会中不知道满足、不知道幸福的产物。可是我们的生活真的就由社会掌握吗？难道在这个繁杂的社会中我们就不能找到自己最好的、最轻松的生活状态吗？

不，答案不是这样的，因为虽然我们不能让整个社会的脚步慢下来，我们不能让整个社会做减法，我们也不能让整个社会变得干净让我们感觉到舒适没有压力，但是我们可以改变自己的生活状态，改变自己的思想以及自己的人生。我们可以在社会做加法的时候学会给自己的生活做减法，减轻自己的生活压力，减轻自己的思想负担，让自己的生活从复杂之中变得简单，学会把我们人生中的一些事情化繁为简，这样我们就能够在简单中感受到轻松，我们也就能够在繁杂的社会中让心灵感觉到放松。

城市在暮色里总是那么安静，也总是那么悠闲。在这时候，总是会有一个皮肤黝黑、个子不高的中年男子弓着背卖力地拉一大板车煤球，迈着艰难的步履从街道上穿过，车的后面有一大一小两个十多岁的小孩卖力地推着车，并且书包就放在车尾，下面垫了张报纸。每天都是如此。他们在经过一番努力上坡后，男子总会从怀里掏出一个面包，一掰两半，分给两个孩子，自己坐在车梢上摸出根烟，点燃了吸两口，满脸幸福地看着两个孩子开心地吃面包。当地的人没有问过他们的故事，因为人们觉得也许他们的这种幸福也不想他人打扰。但是人们也知道可能他们家庭很贫寒，所以孩子一定是放学后，不忍父亲太辛苦了，来帮父亲忙的，父亲也很疼爱孩子，生活再困难也要供他们上学，无怨无悔。

这是一个简单的画面，也是一种简单但是辛苦的生活，在这个画面里我们看到的不是浓得化不开的悲哀与辛酸，反而是一种轻松的让人羡慕的幸福。其实生活并没有那么沉重，我们也没有那么多的悲哀，如果我们能在纷繁的社会中看到一些简单的幸福，那么我们也会知道究竟什么样的生活才是真正的充实，什么样的感情才会让我们心生幸福之感。

对待亲情，我们可以不用那么复杂地去理解那些感情，也不要因为那些感情让自己所累。出门在外，逢年过节，就给家里打个电话，报一下自己的平安；如果条件允许，那么我们可以乘车回家，吃个团圆饭。不要牵扯太多，也不要仔细去追究，用最纯真的想法去对待自己的亲人。如果自己的亲人有什么事情做的不好，有什么事情做的不对，那么也不要去抱怨，也不要心生怨恨，要懂得原谅，因为原谅别人就是原谅自己。亲情只需要我们简单地去维系，因为在那些简单中我们才能分得清什么是真正的情谊，才不会因为复杂的外表遮挡了我们的视线，也不会因为一些东西干扰了我们的判断，只有在简单中我们才能轻松地感受到亲情的呵护，才能无压力地感受真正的感情。

对待友情也是一样，我们不需要那么多的心眼，也不需要那么多的想法，我们只需要在彼此有困难的时候去互相支持，在有误解的时候去相互理解，站在对方的角度去多想问题。在自己的朋友心情不好的时候给他们一些安慰，在自己的朋友开心的时候跟他们一起高兴快乐，简单地去维系存在彼此心中的那份感情，这样我们就不会为感情所累，也不会因为友情而让自己的生活不幸福。

其实对待爱情也是一样，爱情无需那么多的物质堆积，也无需那么多的苦苦纠缠，因为越多的重量，越多的纠缠也就越品尝不到幸福的味道。爱情其实很简单，就是两颗相爱的心，有着彼此的迁就，有着共同的对于幸福的目标，然后组建了一个充满着欢声笑语的家,里面没有利益的争夺,也没有明争暗斗,只有简单的情感,只有简单的幸福……

不管是我们生命中的亲情、友情或者爱情,还是别的东西,只要我们以一颗简单的心去对待,用最初始的那份感情去珍惜,不要附加那么多的因素,也不要附加那么多的重量在里面,那么我们就会在简单中品尝到真正的幸福,也会在简单中享受到轻松的人生。

让自己的生活回归简单,让自己在繁杂之中感受到轻松的味道。这就需要我们给自己的生活以及感情还有自己的心灵做减法,学会剔除那些生活中的烦恼,学会减去自己的一些欲望,也减去一些对别人的不满,降低一些对别人还有对自己的要求,这样我们才能在比较低的期望中感受满足,在少一点的要求中感受到真正的幸福,当然我们也会在这简单的生活、简单的感情中感受到轻松。

心 灵 寄 语

简单就是幸福,简单就是轻松。想要我们的生活远离负重,想要我们的心灵得以放松,那么我们就要学会给自己的生活以及心灵做减法,让自己在简单之中找寻到轻松,找寻到幸福的味道。

2. 让平淡成为幸福的代言人

浪漫不一定就是幸福,可能只是一时的悸动;平淡也不一定就是淡漠,也可能是别样的幸福。幸福原本就不需要那些奢华的外表,快乐也不需要任何华丽的装饰,它们只来自我们的内心,只来自那一丝一毫的感动。让平淡成为幸福的代言人,我们会发现,原来幸福可以那么轻松地得到。

什么是幸福？有人说幸福是那美丽的星辰，我们可望不可即；有的人说幸福是事业上取得成功，有自己圆满的事业，有较高的社会地位，实现自己的人生价值；也有的人说，幸福是散发着浓郁香味的妖冶的玫瑰花，每天都有不同的惊喜，每天都有不同的浪漫……其实，幸福只是一种心灵的满足与追求，可是生在红尘中的我们却很多时候都曲解了幸福的真正含义，给幸福增加了太多的重量。从而让我们无法真正分辨，充满迷惑，并且让自己离幸福越来越远。那么幸福究竟是什么呢？

其实幸福很简单，是在简单里面透着平淡，是在平淡里面可以感觉到温馨，是在温馨里面散发着淡淡的宁静，在宁静里面让我们的心灵如沐春风。这就是所谓的幸福，当然也就是所谓的真正的生活。记得有句名言说过：两个人最大的幸福，莫过于经得起平淡的流年。能在平淡中依然感受到生活，依旧能够感受到生活带给我们的感动，那么无论在什么时候我们都是一个知道幸福的人。

在我们的生活中，只要我们注意，我们就会看到，不论在哪里都有幸福的足迹，都有幸福的身影。在街上我们总会看到那些推着小车子，拉着自家出产的蔬菜、水果还有粮食上街叫卖的两口子，他们总是一脸的微笑，虽然有时候生意并不好，也总是遭受风吹雨淋，更甚者有时候还会遭到别人的嘲笑与讽刺，但是在他们的声音中，在他们的动作里，以及在他们相互关怀的眼神里，我们都可以找到幸福的影子，都会看到有一种叫做幸福的东西在他们的身上流转；当然在公交车上，我们也会看到这样或那样的一对对情侣，他们总是用最细致的心给对方关怀，给对方感动，他们可能在拥挤的人群中牵着彼此的手，也可能在车子晃动的时候给对方一个支撑，虽然他们没有像有些人一样拥有私家车，但是他们还是在拥挤的公交车上让幸福蔓延,让幸福在彼此的眼里流转……不可置疑的,在我们的人生中到处有着这样的人群,到处都可以看到他们幸福的足迹,也能在他们的脸上看到幸福的笑容,他们拥有最平淡的生活,也拥有最平淡的梦想,甚至有时候那样的梦想根本不算什么梦想,但是在他们的身上我们却能找到很多人已经缺失的幸福。那么我们还何叹这个世界缺少让我们幸福的理由,在这个世界的角落里面找不到幸福的足迹,我们还何叹自己不曾拥有幸福。

平淡就是幸福,当然平淡也可以成为幸福的代言人,只要我们知道自己想要什么,想要什么样的生活,在自己的生命里面该舍弃什么,该珍惜什么,并且该舍弃的潇洒地舍弃,该抓住的紧紧地抓住,那么我们肯定就会离幸福不远,当然幸福也不会跟我们擦身而过。

在英国某小镇上有一个青年人,整日以沿街为人说唱为生,同时在这个小镇上还有一个外国妇女,远离家人,在那里打工。

他们总是在同一个小餐馆用餐,于是他们屡屡相遇。时间长了,彼此已十分的熟悉。有一日,那个妇女就关切地对那个小伙子说:"不要沿街卖唱了,去做一个正当的职业吧。我介绍你到我们国家去教书,在那儿,你完全可以拿到比你现在高得多的薪水。"

小伙子听后,先是一愣,然后反问道:"难道我现在从事的不是正当的职业吗?我喜欢这个职业,它给我,也给其他人带来欢乐。有什么不好?我何必要远渡重洋,抛弃亲人,抛弃家园,去做我并不喜欢的工作?"

邻桌的英国人,无论老人孩子,也都为之愕然。他们不明白,仅仅为了多挣几张钞票,抛弃家人,远离幸福,有什么可以值得美慕的。在他们的眼中,家人团聚,平平安安,才是最大的幸福。它与财富的多少,地位的贵贱无关。于是,小镇上的人,开始可怜这个外国妇女了。

故事中的妇女以为只要多赚点钞票，多得到一些东西就是幸福，幸福就是名利，就是金钱，但是她不知道，在有些人的眼中，幸福与财富的多少无关，跟地位的贵贱无关，只跟自己的内心有关，只关乎那些平平淡淡，那些平平安安。

在我们的人生中，幸福其实很简单，也很容易追寻。就像是对一个盲人来说，能看见阳光，能看到美丽的大自然就是幸福；对于一个天生耳聋的人来说，能听到这个世界的声音就是幸福；对于失去亲人的那些人来说，重新拥有自己的亲人，能够重新跟他们一起生活就是幸福……幸福就是那些平淡的拥有，那些平淡的感动，那些平淡的值得我们珍惜的东西。

不要再说自己的生活没有激情，自己的感情没有轰轰烈烈，也不要再说上帝不公平，唯独不给你幸福。其实幸福一直在我们的身旁，幸福也一直在我们的左右，只要我们用心去感受，只要我们能够在平淡中捕捉那些细节，能够在那些平淡中感知生活，那么我们就会发现幸福一点都不难追寻，追寻幸福也不会给我们带来太大的压力，幸福其实离我们一点也不远。

❤ 心 灵 寄 语

生命的本质是一种活法，幸福的本质是一种看法。只要我们懂得去用平淡的心态面对一切，懂得在平淡中感知幸福，那么我们就会明白，真正的幸福是来自那平淡的生活，是来自那平淡的感动。

3. 把生活当作一杯香茗

人生如茶，品茶就像是品人生。把生活当做一杯香茗，让我们在苦涩中感受生活，在繁杂中体味平淡，在繁忙的时候守住自己内心的一丝清明，在凝心静气里体味那温润并且意味深远的生活乐趣。

三毛说："茶喝三道。第一道，苦若生命；第二道，甜似爱情；第三道，淡如清风。"刚开始喝茶的时候，涌在我们喉间的是浓浓的苦涩，没有一丝的甜蜜，但是慢慢地经过我们不断地加水，随着茶水的变淡，我们品尝到了丝丝的甜蜜，当然当茶味越来越淡的时候我们就感受到了像白开水一样的清明，一样的平淡。其实品茶就如品人生，苦甜参半，不管中途有多少的变故，不管中途有多少的甜蜜与辛酸，最后不得不归于平淡、归于宁静、归于悄然。

人生需要经历，生活需要我们去品尝。把生活当做一杯香茗来品，那么经过我们的仔细品尝，慢慢思考，我们就会发现其实生活很简单，人生其实也很轻松，只要我们懂得释怀，懂得放开，懂得品尝，能够经受住考验，能够经受住风雨的折磨，能够在孤独中找到一丝寂静，能够忍受那一系列的苦涩的味道，那么我们就不会再喊苦喊累，也不会轻易地放弃自己的生活，放弃自己的生命，也不会在人生的海洋中苦苦挣扎，找不到方向，找不到出路。我们会在苦涩中收获自己的成功，会在甜蜜中忆起那些艰难，然后更加学会珍惜生活，珍惜自己的生命，珍惜那些来之不易的幸福，然后真正理解生活，明白什么才是真正的幸福，才是真正有意义的人生。

不去恼怒生活带给我们的磨难，也不要因为初尝茶水带来的苦涩而放弃坚持。把生活当作一杯香茗完整地去品尝，把人生当做一个制作茶具的过程坚持去完成，那么我们才会在繁琐中找到简单，在苦涩与煎熬中品尝到幸福，在磨难与坚持中收获成功，在品尝与学习之中体味到真正的生活。

有对夫妇去英格兰旅行，为了庆祝结婚 25 周年，他们在一家漂亮的古玩店购物。夫妻俩都喜欢古玩和陶器，尤其钟爱茶杯。

他们看到一只独特的茶杯，就问店员："能看看这只茶杯吗？我们从没见过这么漂亮的茶杯。"

店员将茶杯递给他们，茶杯突然开口说话了："你们不了解，我以前并不是一只茶杯，曾有一度我不过是一团红色的黏土。"

"我的主人把我选出来，将我一遍遍地滚揉、槌打、拍击，我大声叫喊'别这样。''我不喜欢这样！'但他只是微笑着柔声说：'还没到时候呢！'于是我被放在一只转轮上，突然间，我开始旋转，转啊转啊转啊。'快停下！我头好晕！我要吐了。'我尖叫道。但主人只是点点头，平静地说：'还没到时候呢。'他继续任我旋转，在我身上剌剌戳戳，随着自己的意思把我弯折得走了样，然后将我放进窑炉。我从未感到这么热。我大声喊叫，拼命拍打炉门。'救命啊！让我出去！'透过炉门，我能看到他来回摇着头，嘴唇翕动，看得出他在说：'还没到时候呢。'就在我觉得再也受不住了的时候，炉门开了。他小心翼翼地把我取出来，放在架子上，我开始凉下来。哦，这感觉真好！'啊，这下好多了，'我想。可是，等我完全凉下来，他又拿起我，把我浑身上下刷了个遍，涂上釉料。釉料的气味难闻极了。我觉得我就要窒息了。'哦，停下来，停下来。'我大声喊着。他只是摇摇头说：'还没到时候呢。'接着，他突然又将我放回窑炉里。只是和第一次有所不同，这次的热度是上次的两倍，我只知道我快要闷死了。我乞求、哀告、尖叫、哭喊，深信自己是挺不过去了。我打算放弃了。就在这时，炉门打开了，他将我取出，再次放到架子上。我慢慢凉下来，我等啊等啊，心想：'接下来他又要拿我怎么样？'一小时后，他递给我一面镜子，说：'看看你自己吧。'我看着镜子里的自己，说：'这不是我，这不可能是我。真漂亮。我漂亮了！'他平静地说：'我希望你能记住，我知道被滚揉、槌打、拍击的滋味不好受，但如果我听凭你，你早就变干了；我知道在陶轮上一圈圈飞转令你头昏眼花，但如果我停手，你早就破碎瓦解了；我知道窑炉里酷热难耐，很不好受，但如果我不把你放进去，你早就干裂了；我知道我将你通体涂上釉料的时候，那气味很难闻，但如果我不这样做，你绝不会这么坚硬，你的生命中也不会有任何色彩。如果我不把你放回窑炉，你也不会生存太久，因为不回炉不能保持硬度。现在你是成品了，正如我着手制作你时所构想的样子。'"

那只漂亮的茶杯原本只是一团红色的黏土，但是经过不断地滚揉、槌打、拍击以及旋转、煅烧，最后刷釉，最终变成别人看到的那样。

其实人生也是如此，当我们的生活处于艰难的境地，当我们处处遭受到打击，当我们觉得生活的苦涩让我们无法承受的时候；当我们觉得那一杯茶水里面满满的都是苦涩，自己的人生也是天旋地转的时候；当我们的味觉失去了控制，当我们感觉到自己置身于温度很高的火窑的时候，如果我们还能坚持下去，坚持品尝完这杯茶，给自己的茶杯里面去加水稀释那些苦涩的味道，那么我们肯定会在苦涩中尝到一丝丝甜蜜，肯定会在痛苦中感受到一些幸福，最终也感受到成功的喜悦，当然我们还会在那一杯茶中品味到人生，品尝到生命的真正味道。

　　把生活当作一杯香茗来品，品出人生的苦涩，人生的甜蜜；品出人生的坚持，人生的磨砺；品出人生的懵懂，人生的清明。我们会发现生活虽然有时候充满未知，但是在我们坚持的那一刻定会云开雾明。

4. 不要让过分的苛责赶走幸福

　　步调如果轻松，那么我们的身心就不会那么疲倦，我们的脚步也就不会那么匆忙。当然我们就有可能不因为过于匆忙而丢失掉生命中的一些珍贵的东西，也就有可能会在轻松中保持自己的清明与沉稳，不在繁杂中迷失自己的方向。

　　在我们的生活中似乎越来越多的人总是抱怨自己没有方向，自己不知道以后的路在哪里，有越来越多的人觉得自己活得太累，找不到生活的乐趣。我们都知道，累是因为疲劳，而疲劳是因为我们的内心以及身体承受了太大的压力，是因为我们的脚步太匆忙，不知道休息，不知道给自己一个理清纷乱的时间，所以才会在繁乱复杂的社会中迷失自己的方向，让自己心有所累。

　　俗话说，因为我们对自己的要求太高，以为自己还能得到更多，以为自己还能够承受更多，以为自己的步调还能更快一点，所以我们就不断地往自己的身上放包袱，给自己的心灵增加负担，让自己的脚步不知道停歇。可是我们不知道在我们那些以为当中我们却丢失了很多，丢失了自己的轻松生活，丢失掉了人生的一些乐趣，也渐渐迷失了自己生活的方向，当然也慢慢地不知道何谓幸福了。

有这样一个故事：有一名从名校毕业的大学生，进入了一家外企公司做营销，她人长得很漂亮，并且工作也很认真，很负责，当然能力也很强，所以很受公司领导的器重。可能在我们的眼里她的工作应该是没有什么让她自己不满意的，她的人生也应该过得很轻松。但是事实恰恰不是这样的。

在工作中，她是一个很负责，对自己的要求也很苛刻的人，当然在另一种意义上说就是喜欢追求完美。她喜欢把什么事情都进行一个仔细的规划，并且喜欢亲力亲为，不喜欢别人插上一脚，对于营销这方面是她的专长，也是她最感兴趣的部分。当然她也为公司做了很多的业绩。但是有一次，本来跟一个客户约好了看产品的，可是由于她生病的原因，没有及时地到达相约的地点，虽然说她已经尽量赶过去了，但还是晚了一步，所以那个客户也因为她的爽约而决定不再看他们公司的产品。对于这件事情，她感觉到很受挫，所以就主动到上司那里说出自己的错误，并且想引咎辞职。虽然上司挽留再三，她还是决定离开。在辞职后，有一段时间，她因为这件事情而萎靡不振，并且情绪很不好，因为在她工作以来这是第一次犯错误，以前对于任何一个任务她都是做到尽善尽美，不允许自己犯一点错误，所以对于这次的事情她很难释怀，也很难看得开，当然对于找下一份工作她也变得很不自信。

不仅在工作中是这样，在生活中她也是如此，什么事情都想追求完美，即使是对自己的恋人也是如此。她有一个谈了半年的男朋友，半年的时间应该还是两个人处于热恋的时候，但是他们两个人的感情却没有我们想象中的那么好。这并不是说他们不喜欢彼此，不想真的一直谈下去，而是他们无法适应彼此。她喜欢追求浪漫，当然更喜欢追求完美，对于任何一场约会，她都要算计好每一步，算准什么时间内要做的事情，然后一步步地去实施，不允许有一丝的差错。刚开始的时候她男朋友觉得她很有个性，也很负责，但是久而久之，他就感觉到枯燥与不耐烦，因为他觉得生活中的一些事情没有必要算计的那么准，也没必要那么追求完美，更没必要弄得那么复杂，弄得那么刻意。所以两个人也因为做事的方式以及一些生活习惯的不同而开始争吵并且渐行渐远……

那个女孩本来是个很优秀的人，也是一个很有能力的人，但是由于对自己的要求过于苛责，由于过分追求完美，让自己的脚步过于复杂，所以才会让一份好的工作与自己擦肩而过，也让自己的男友跟自己渐行渐远。她懂得做事一定要做得好，浪漫一定要按照自己的想法去追求，可是她忽略了生活本来就没有那么多的刻意，如果刻意过多只会给我们的生活增加负担；工作中也没有那么多的苛责，因为过于苛责也就会给我们的心灵造成伤害。

可能每个人对自己的人生都有不同的规划，每个人对于自己的人生也有不同的追求。但是如果我们想要得到幸福，想让自己在生活中感受到轻松与愉快，我们就应该珍惜自己所拥有的，满足自己现有的生活，而不是为了一些理由，为了追求完美而让自己的生活陷入一片繁杂与匆忙之中，让自己的人生有那么多的负担与重量，让自己的人生承担可能错失幸福的风险。

不要再去苛责自己，也不要再让身边的人因为我们的过分苛责而与我们渐行渐远，人与人之间需要彼此的谅解，想要拥有幸福更需要我们对自己对别人的宽恕。幸福很简单，没有那么多复杂的程序，也没有那么多过高的要求，更不需要我们对自己对别人的苛责，所以丢掉那些心灵的束缚，丢掉那些苛责的态度与想法，可能我们会发现这样的人生才是真正的轻松，才是真正的幸福。

心 灵 寄 语

因为我们要求的太多，所以才会倍感沉重；因为我们过于苛责，才会与幸福擦肩而过。人生中不要有那么多的要求，不要有那么多的苛责，这样我们才会透过那些要求看到简单幸福的世界。

5. 别让你的想法超负荷运转

思想需要停歇，思想需要我们的保养。不要让自己的想法超负荷运转，也不要让自己的头脑负担过重。人生需要思考，但是不必要的思考会给我们的人生带来负担，会给我们的身体带来伤害，也会给我们的生活带来繁杂与障碍。

我们总是听别人说"脑子越用越灵"，可能有些人觉得这句话就是鼓励我们经常动脑，这样我们的脑袋才会越用越灵光，这样的想法当然无可厚非；可是有些人就不会这样思考了，他们反而会觉得这句话告诉我们要不停地去让自己的脑袋高度运转，这样可以让我们越来越聪明。其实这样理解就错了，因为如果我们让自己的脑袋过度使用，让自己的大脑一直处于一种紧张的超负荷的状态，那么我们会使自己的大脑变笨，长时间下去还会影响自己的身体健康以及心灵的健康。

在现代的社会里，我们总是听见闹市一直在喧嚣，车声也一直在喧嚣，当然欲望更是一直在膨胀，但是我们却不知道在这个全速奔跑的城市里面，从呼吸到我们身体的每一个器官，都处于一种紧绷的状态，当然我们的思想更是处在一种超负荷运转的状态，而自己的人生也在走着我们不知道的下坡路。其实有时候我们的人生并没有那么多的喧嚣，我们的想法也不需要那么的复杂，那些负担也都不是我们一定就有的，只是我们附加给自己的多余的重量，是我们给自己的心灵增加的多余的负担。

一位满脸愁容的生意人来到了智慧老人的面前。"先生，我急需您的帮助。现在虽然我很富有，但是人人都对我横眉冷眼。让我觉得生活真像一场充满尔虞我诈的厮杀。"

"那你就停止厮杀吧。"智慧老人回答他。生意人对老人这样的告诫感到无所适从，于是他带着满心的失望离开了老人的家。在接下来的几个月里，他的情绪变得糟糕透了，几乎与身边的每一个人都争吵斗殴，由此也结下了不少的冤家。一年以后，他开始变得心力交瘁，再也没有力量和人一争长短了。

他来到了智慧老人的面前："哎，先生，现在我不想跟人家斗了。但是，生活却不肯放过我，它还是如此沉重——就好像是一副重重的担子压得我难以喘气啊！"

"那你就把担子卸掉吧！"智慧老人给他这样一句话。生意人对这样的回答感到很气愤，随后就怒气冲冲地离开了。在接下来的一年当中，他的生意遭遇了很多的挫折，并最终丧失了所有的家当。妻子带着孩子离他而去，他变得一贫如洗，孤立无援，于是他再一次向这位智慧老人讨教。

"先生，我现在已经两手空空了，生活惩罚我，让我变得一无所有了，生活留给我的只有悲伤！"生意人哀伤地控诉着生活的不公平。"那就不要悲伤了！"生意人似乎已经预料到会有这样的回答，这一次他既没有失望也没有生气，而是选择待在智慧老人居住的那座山的一个角落里。

有一天他忆起往事，突然悲从中来，伤心地号啕大哭了起来——几天,几个星期,乃至几个月,他都在不停地流泪。最后,他的眼泪哭干了。他抬起头,早晨温煦的阳光正普照着大地。他于是又来到了老人那里。"先生,生活到底是什么呢?"老人抬头看了看天,微笑着回答道:"一觉醒来又是新的一天,你没看见那太阳每日都照常升起吗?"生意人终于明白了,生活其实很简单,只要你愿意放下自己心灵里的那份执著,放下思想的包袱,因为那份执著是一副重担,那些思想只是一段纠缠,有了这些重担,有了这些纠缠受压迫的心灵永远不会感受到生活的甜蜜。

那位生意人不管是在自己富有的时候,还是在自己一无所有的时候都感觉不到生活的喜悦,也感觉不到生活的轻松,因为在他的思想里面有了太多的挣扎,有了太多的想法,有了太多的重担。当他富有的时候他想到自己的生活是一场充满尔虞我诈的厮杀;当他停止厮杀的时候,还是觉得生活没有放开自己,生活特别的沉重,压得他喘不过气;当他卸掉自己的担子的时候,他觉得自己一无所有,孤立无援,生活在惩罚他……在任何时候他都感觉不到幸福,也感觉不到轻松,而是让自己的大脑急速的运转,让自己的思想超负荷。

有人说,生活有时候可以让我们选择。其实我们的思想很多时候也是我们自己的选择,我们可以选择让自己的思想轻松,可以选择用最简单的方式去思考,当然在简单的思考中很多时候我们也可以得到自己想要的答案,得到自己想要的结果。就像是故事中的生意人,如果他能在自己富足的时候不要有那么多的想法,也不要总是去揣测别人对自己的想法,也不要总是思考生活是一场永无休止的尔虞我诈,而是去享受自己的人生,不让自己的思想超负荷运转,那么他也会在生活中得到快乐,收获幸福。

在我们的生活中想想自己是不是有脑疲劳的感觉,是不是有记忆力下降的感受，是不是出现了反应迟钝，思维不敏捷的状态，并且感受不到任何的幸福，感受不到任何的欢快？如果你的状况符合其中的条款，那么你就要想想是不是自己平时的想法太多，自己平时那些思考让自己负了重，当然你也就要好好考虑一下要给自己的思想做做减法了。给自己的思想做减法，让自己不要有那么多的思考，也不要让自己因为那些过多的想法左右自己的快乐，让自己的生活负重，那么我们可能就会在繁杂的人生中找到一些轻松，在繁重的生活中找到一些幸福的理由。

心 灵 寄 语

如果觉得自己累得不行，如果觉得自己的大脑一直在超负荷地运转，那么我们就给自己的大脑做个减法吧！丢掉那些不必要的思考，卸掉那些沉重的负担，让自己的大脑睡个美美的轻松觉。

6. 你不是现实版的超人，也没有铁打的心脏

你不是现实版的超人，也不是什么事情都可以做得到，更不是什么打击也可以承受得了，如果故作坚强，那么只会让自己活得很累，只会让自己的心灵负重。在我们的生活中，必要的时候我们也可以展示自己的脆弱，也可以接受别人的保护，这样我们才能更好地调节自己的生活，调节自己的心灵。

每个人都有脆弱的时候，每个人也都需要温暖，也需要别人的关心与呵护，即使是一个很坚强很成功的人，即使是一个在世人的眼中从来没有过脆弱，似乎从来都不需要呵护与关心的人。因为有

时候的温暖与关心，呵护与守候会让我们的身心感觉到轻松，也会让我们紧绷的身心得到舒缓。

我们一直都觉得女人是水做的，所以需要别人的关心与爱护，需要别人的理解与包容，可是我们不知道其实有时候在我们眼里应该是顶天立地，很坚强，似乎不需要呵护与关怀的男人也会脆弱，也需要别人的关心与呵护。可是由于自己心理的原因，有些人就喜欢故作坚强，不承认自己的脆弱，在伤心的时候独自守护着那份孤独与悲伤，而不让自己的喜怒哀乐释放出来，不让别人看到自己内心的伤痕，不让自己在别人面前展示出脆弱，所以才会让自己的心灵负重，让自己哀伤的情绪伤害到自己。可是在这个世界上没有一个人是现实版的超人，也没有任何一个人拥有铁打的心脏，任何人的情绪都需要释放，任何人的脆弱都需要展露，任何人都需要别人的关怀与呵护，女人一样，男人更是如此。

人的一生就是一个不断经受磨砺与痛苦的过程，在这个过程中有失败也有成功，有得意也有哀伤，有快乐的时候也有痛苦的岁月。在失败的时候，我们需要别人的鼓励，需要别人的理解与包容；在成功的时候，我们需要别人的祝福与欣赏，也需要别人的肯定与支持；在快乐的时候，我们想跟身边的人一起分享幸福与快乐；在痛苦的时候，我们也需要有个肩膀来给自己依靠，让自己释放那些脆弱，释放那些哀伤，这样我们才不会让自己的心灵因为承受那些情绪而感觉到重量，也不会因为自己的情绪不能得以释放而让自己的身心俱伤。

李忠强是县里的一个中学老师，家境条件还可以，在小县城里有房子和老婆孩子，生活过得挺惬意。由于受到同学的怂恿，新年过后，在征得妻子的同意后，他办了停薪留职的手续，决定带着几年来积攒的 10 万元，到东部发达城市去闯荡一番。

然而，闯荡远非他想象的那么容易。两年中，他经历了一次次失败，命运始终与他过不去。10 万元打水漂后，他投入自己辛苦挣来的 3 万元，与人合伙买了股票，终于尝到了一次甜头，短短几天就挣了 6 万。他被胜利冲昏了头脑，于是又果断地投入自己的全部资金，希望能够再翻一番，可是，那位非常"诚信"的合作伙伴却不告而别了，一报案才知对方是彻头彻尾的诈骗犯，他连回家的路费都没有了。最后还是在一个老乡的资助下，彻底死心地回到了家。

妻子没有打击他，而是原谅了他，对他说了他一辈子也忘不了的话："老公，不管你在外面失去了什么，失败到什么程度，只要你回来，你至少没有失去我和孩子，失去这个家。我们还可以重来。我们还可以过平常而幸福的生活，没有什么比我们全家在一起融洽生活更值得去付出了！"

李忠强在被别人欺骗，事业经历过惨痛的失败以后，回到了自己的家，在自己妻子的鼓励下得到了安慰，当然受到打击的伤痛也有了一丝的缓解。他的妻子看到了他的脆弱，也感受到了他的哀伤，所以用温柔以及包容去温暖他那颗受伤的心，给他增加了生活的信心。

是谁说坚强的人就是值得我们敬佩的，是谁说只有坚强的人才能撑起自己的一片天。可能我们每个人都生活在高压之下，我们每个人都生活在一片烦乱与复杂之中，当然我们每个人也惯性似的隐藏着自己的脆弱与哀伤。可是我们要知道，有时候故作坚强，故意隐藏自己的脆弱不仅不会让别人敬佩，反而会让自己的心灵受伤，让自己的情绪受到极度的压抑，最后甚至伤害到自己的健康。

学会正确地释放自己的情绪，学会给自己的心灵减轻重量，学会在适当的时候释放脆弱，收获关怀与呵护，我们就不会感觉到太多的寂寞与疲惫，也不会过多的感觉到压抑与痛苦，更不会因为心灵承载过多的重量而让自己崩溃,让自己的精神疲乏。既然每个人都应该在适当的时候释放自己的脆弱,让自己受到别人的关心与呵护,那么这个适当究竟是什么意思呢?

其实适当就是指在适当的人面前,在适当的时间适当的地点,用适当的方式释放自己的脆弱,让自己的灵魂得到慰藉。所谓适当的人,就是能够理解自己的处境,能够站在自己的角度考虑问题的人,也是那些能够给我们关怀给我们呵护给我们安慰的人;所谓适当的时间是指在没有第三人的干扰,没有什么让我们可以犹豫,可以说出自己的感受的时间,在这个时间里面我们的情绪跌到了一个最低点,我们的感情也到了一个急需宣泄的时间;所谓适当的地点,则是一个有轻松氛围的,能够让我们放松自己的心情的地方;最后那个适当的方式则是符合自己的,能够让自己的心情放松,能够让自己得到安慰的最佳的方式。

用适当的方式去宣泄自己的情绪,去释放自己的脆弱与哀伤,那么我们就不会因为情绪无处释放而让自己的心灵负重,也不会因为那些抑郁而让自己的灵魂受伤。

♥ 心 灵 寄 语

没有谁是现实版的超人,也没有谁拥有铁打的心脏。不管我们有多么坚强,不管我们有多么刚硬,我们都要学会释放自己的情绪,学会接受别人的关怀与呵护,让自己的灵魂卸去那些哀伤与沉重,获得轻松。

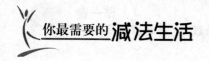

7. 贴近自然，给生活一份温馨的感觉

　　贴近自然，我们就会有一种温馨的感觉；贴近自然，我们也会有一种身心放松的欢乐。似乎那些疲惫，都会因为我们的贴近自然而一扫而光；那些因为生活的压力而沉重的心会因为我们的贴近自然而重新雀跃。

　　生活是一种感觉，幸福更是一种内心的感受。在我们的生活中，随着人们生活水平的不断提高，随着人们生活的渐渐城市化，也随着人们跟自然越来越疏离，人们的内心就变得越来越浮躁，与此同时也就跟那种幸福，那种真正的生活越来越远。有时候就算是我们努力去触摸，似乎也触摸不到，有时候就算是我们用尽心思去追寻，似乎也是追寻不到内心中想要的那种幸福。

　　在繁杂的都市生活中，在匆忙的追寻中我们遗失掉的究竟是什么？我们给自己的肩膀压上去的究竟是什么？给自己的心灵里面增加的究竟是什么？才会让自己身心那么疲惫，才会让自己在繁杂中越来越迷茫，越来越找不到自己的方向，越来越看不清前方的路。

　　有人说，在繁杂的社会中，在匆忙的生活中，在渐渐迷失的脚步中，我们的心需要有一个寄放处，我们的心灵需要有一处休息之地，让自己那颗疲惫不堪的心得以放松。其实在这个偌大的社会中，能够让我们的心有所放松，能够让我们疲惫的身心有所缓解，能够让我们的身心能够有所安放的时候，就是我们接近大自然的时刻。贴近了自然，我们的心里就会有一丝不知不觉的温馨，当然也会有一些不知不觉的感动。并且我们的那些浮躁、那些压力、那些烦恼都会因为我们的贴近自然而有所缓解，我们的情绪也会因为我们的贴近自然而有所释放。

有这样一个故事，说是有一位心理学家在一艘船上做了一次改造心理的实验。他建议一些总是感觉到心浮气躁，压力超大的人到船尾去，然后面对船后波涛滚滚的海水，把自己心中的一切烦恼和压力都抛到海水中，直到自己觉得心里舒畅了为止。实验结果表明，这种方法真的很管用，参加实验的人员最后都告诉这个心理学家，自己的心灵真的得到了一次前所未有的清洗，心中的烦恼和压力似乎就在那一瞬间消失了，真的就像一件物体一样掉进了海水中，转眼就不见了。并且他们打算以后只要碰到心中有烦恼，无法承受生活压力的时候，就会采取这种方式来解决，直到自己全身都感觉到轻松为止。

面对大海，让自己的烦恼与压力都随着海浪漂走，让自己的情绪以及负担都能在大海的怀抱中得以释放。我们都知道海是大自然最神奇的产物，当然我们也知道大海有着包容一切的胸怀，所以我们在面对大海的时候就自然而然地能够放松自己的心情，让自己的心变得阔大起来，让自己的压力也在大海的包容与稀释里面得以减轻、得以释放。贴近自然，我们就会感受到一种轻松，也会感受到一种前所未有的温馨与幸福，不管是何种的烦恼，不管是多大的压力，我们都能够让它们一扫而空，不管是多么的心浮气躁，我们都能够让自己的内心平静下去。

所以在我们感觉到烦恼，在我们感觉到自己压力重重，感觉到自己力不从心，心神疲惫的时候，就去贴近一下大自然，感受一下大自然的神奇与浩大，感觉一下大自然的宽容与宁静，从而让自己的心也变得平静，变得轻松，让自己在自然中感受温馨，在自然中体会到幸福的味道。

在公园里，每当风和日丽的早晨，或者温和宜人的黄昏，常常能看到这样一对男女：女人坐在轮椅上，男人静静地推着她，偶尔她会为一只漂亮的小鸟而惊喜，有时他也会为她摘一朵黄色的蒲公英。年复一年，他们都渐渐显出苍老，他们自己也成为公园的一道小风景。有人说那女人的残疾定是为了自己的男人而落下的，也有人推测那男人或是做过极端亏心的事情，可是没有人真正了解他们的故事，没有人问，他们自己也从未说起过。

有人问过那女人："你幸福吗？你无法行走。"女人笑着说："我很幸福，因为我有他，他就是我的腿。"

也有人问过那个男人："你幸福吗？你为她付出那么多。"男人平和地摇摇头："其实我比她幸福，因为是我推着她，而不是她推着我。"

在公园里人们可以感受到他们之间的温馨，也可以感受到他们的幸福，当然他们也能在这个公园里面让自己的心灵得以安宁，让自己压力全无，只是感受到生活的幸福与宁静，感受到大自然的豁达与神奇。

生活中并不是只有烦恼，人生中也并不是只有压力，还有那些无以名状的痛楚。在繁杂的社会中，在匆忙的生活中我们也可以找到一丝温馨，也可以寻得一些畅快。生活原本就是一种感觉，只要我们能够感觉到轻松，能够感觉到一些畅快，那么我们就是拥有了幸福。贴近自然，给生活一份温馨的感觉，那么我们就会在繁杂的尘世中守得一丝清明，守住一份感动，那样我们也就不会觉得人生有那么多的烦恼，有那么多的压力，我们也就不会让自己的脸上总是挂满忧愁，让自己总是生活在压力与痛苦之中。多贴近自然，多让自己的心中存有一丝温馨，一些感动，那么我们就能时刻都感觉到幸福，并且品尝到真正的生活的味道。

心 灵 寄 语

让自己的心灵在自然的怀抱中轻松自由地呼吸，让自己的身心在自然的轻抚下回归到轻松与无压。贴近自然，给自己的生活一种温馨的感觉，给自己的人生一种宁静的享受，这样即使社会再繁杂，我们也能守住自己心中的那片乐土。

8. 抛开顾虑疑团，用真诚写意和谐潇洒

顾虑越多，我们就会感觉到越辛苦、越劳累，也越来越不相信自己，越来越不相信这个世界。可是生活其实是美好的，如果我们真诚地去对待这个世界，真诚地去对待生活，那么我们也可以让自

己的日子过得潇洒，让自己的心灵充满感动。

有人说生活真是美好，到处都是鸟语花香，人们也是真诚热情；有的人说，生活一直都是波澜不惊，没有任何的激情，人们总是面无表情；当然也有的人说，生活真是糟糕透了，到处都是尔虞我诈，到处都是勾心斗角，人们之间充满着竞争，有时候连个安稳觉都睡不好……生活在同一个世界中，但是对于生活的理解以及看法却截然不同，这是怎么回事呢？是因为他们有着不同的人生观价值观吗？还是因为他们有着不同的生活背景？抑或是他们的心态不同？

其实这一切只是他们对待事情的想法以及心态不同，有些人相信在我们的社会上存在着真诚，存在着美好，所以不管遇到什么事情总是笑逐颜开，总是能够给自己一些美好的理由，让自己活得自在；但是有些人却觉得这个社会到处都是灰暗，到处都是尔虞我诈，有时候根本不知道应该去相信谁，他们生活在怀疑与恐惧之中，总是闷闷不乐。其实生活是怎么样很多时候我们都无法去评价也无法去选择，我们只能去积极地接受，然后积极地面对。所以不管我们觉得自己的生活中有多少的疑惑，有多少的顾虑，我们都应该用真诚去代替那些顾虑和怀疑，用轻松去代替那些沉重与负担，可能我们会发现原本灰暗的世界其实还是有一些光明，原本灰暗的心情其实也可以变得如此的光明，并且那些压在我们心头的重力，也可以慢慢散去。

曾经有一位很有钱的富翁，他只用短短十多年的时间就赚到了自己一辈子都花不完的钱。他是镇子上最年轻的富翁，住着他们镇上最大的房子，开着最漂亮的车子，过着人人都美慕的奢侈生活。但是，他却一直都不快乐，他怕自己的财产招人嫉妒，怕别人会悄悄悄走他的车子，怕别人会将他那美丽的草坪铲平……总之，他担心的事情实在太多了，所以他感觉不到快乐的存在，并且慢慢地因为这些担心而生了病。富翁觉得自己不能再这样下去了，于是他来到镇上的一个教堂里，向牧师说明自己的情况，他告诉牧师，自己因为担心已经生了病，他想生活得快乐一点。

于是牧师就给他讲了一个故事：很久以前有一个有钱人遇上了一个老乞丐，有钱人的脸上愁云密布，因为他担心自己会失去所有的钱财，在他看来，周围的人都是想要谋夺他的财产的强盗。而老乞丐虽然吃了这顿没下顿，但是他却一直笑呵呵的，似乎他从来都不知道什么是忧愁。于是有钱人就问老乞丐："你衣不蔽体，食难果腹，为什么还那么开心呢？"乞丐没有回答，反过来问有钱人："你拥有那么多的财产，是众人羡慕的对象，为什么总是愁眉不展呢？"有钱人回答："我总觉得周围的人都要抢走我的财产，所以我忧心忡忡。"老乞丐却笑着告诉有钱人："因为你只用眼睛看生活、过生活，所以太多的顾虑会让你无法接受生活的赐予；而我，懂得用心享受生活，所以生活带给我的除了快乐就是开心。"有钱人却觉得老乞丐在说胡话，留下一声冷哼之后就走开了。谁知若干年之后，有钱人却忧虑成疾，就在他感觉自己快要死去的那一刻，忽然想起了老乞丐的话。自此以后，他再也不为自己拥有那么多财产而担心，他将所有的心思都放在了感受生活上。再后来，他做了牧师，希望能遇上和他有一样经历的有钱人，替他们指点迷津。

听完牧师的故事，富翁就明白了自己不快乐的原因。于是他谢了谢牧师，就走了。后来听说那个年轻的富翁变成了一个乐善好施的善人，并且他还时常去找牧师聊天，听说他的忧愁一扫而光，还听说他告诉人们一定要用心，才能享受到生活……

富翁对生活的不信任，因为只是用眼睛看生活、过生活，所以让那么多的顾虑与怀疑剥夺掉了自己的快乐与幸福。其实在我们的生活中不能只是用眼睛去看生活的，我们应该用心去享受生活，不管我们的生活怎样，不管我们拥有多少财富，如果我们都可以真诚的信任的去对待生活，对待身边的人，那么我们的那些怀疑与顾虑都会离我们远去，当然我们也会看到生活的美好。

不要让那些顾虑与怀疑去阻挡我们的视线，也不要让那些内心的不安去迷惑我们的心灵，更不要让自己灰暗的心态去主宰自己的人生。我们要相信，不管我们的生命中发生了什么，不管我们拥有什么，只要我们用一颗真诚的心去面对生活，去过生活，那么我们一定会在凡尘中获得自在，我们的心灵也可以在任何的环境中自由翱翔。

♥ 心 灵 寄 语

顾虑和怀疑只是一个阻碍我们幸福的绊脚石，所以想要活得开心，过得幸福，那么我们就应该搬开这些绊脚石，用真诚以及信任去填充我们的内心，填充我们的生活，让生活一直美好下去。

第二卷
职场不是高压线,轻松调节效率高

第一章　欲望只是绊脚石，脚踏实地铸胜局

　　职场不是高压线，不需要我们一直将神经紧绷。在职场中，不要让欲望牵绊住自己的脚步，也不要让欲望摧毁自己的人生，我们要学会脚踏实地，要学会用热忱以及勤恳来点亮职场中的希望，也要学会淡看成败，不要让那些名利束缚住自己的心灵，让自己在沉重以及迷乱中丢失快乐以及幸福。

1. "利"是双面刀，小心会割伤

　　利是一把双面刀，可以让我们得到一些东西，但是在我们得到一些的同时也有可能会将我们割伤。所以，在职场上我们就要避开"利"给我们布下的陷阱，这样我们才能在职场中轻松前进。

　　每个人皆有名利之心，每个人也总是喜欢在做事的时候衡量自己得到的利益，当然这个社会从另外一种说法上来讲就是一个各种利益集中的大本营，人与人之间的关系也是一种利益的交换关系。

但是这个利益并不仅仅是指金钱，也并不仅仅是狭隘意义上的利益，也可以是指一种物质上的富足与心灵上的满足。其实很多时候我们的生活以及职场都需要这些利益的存在，因为如果我们能够把这些"利"控制得当，那么我们就不会为利所祸，反而会让这些"利"成为我们不断前进的动力；可是如果我们不能很好地驾驭自己的那颗心，而让追求"利"的那种欲望不断放大，那么这些"利"就会成为我们生活以及职场上的阻碍，并且有时候还会对我们造成伤害。

所以，在人生中，在职场上我们要懂得如何去控制自己的那颗心，要懂得如何去适当地追求利益，而不是把追求利益作为我们人生的唯一目标，让自己陷入"利"的陷阱，而让自己的身心受到伤害，让自己的人生负重。

从前，有一个爱幻想的年轻人。

有一天，他听说利是一个年轻漂亮的姑娘，谁能找到她谁就是天下最幸福的人，所以他在心里迷上了利。他发誓，即使花上一生的时间，也要找到她。

他首先到那些充满智慧和哲理的书籍中去寻找利。结果他发现这些哲理书对利始终持批评否定的态度，而且一直排斥她——利不在书籍里。他又向宗教里去找利。但是宗教宣称，许多幸福，也包括利在内，都是一个人在死后才能得到的，而活着的时候是应该舍弃的。这也不是他想要的结果。他又向大千世界去寻找。他每到一个地方，就问："你们知道利吗？她在这里吗？"每次人们都回答他："利？是的，她来过这里。不过那是很久以前的事情了。她后来又走了，没有人知道她去了哪里。"

　　就这样他用了许多年，找了许多地方，可是每次都得到同样的答复。于是他转向大自然。他问树、高山、森林和海洋，还有小鸟、鱼、走兽和昆虫："你们知道利吗？她在这里吗？"然而回答依然令他失望："利？是的，她来过这里。不过那是很久以前的事情了。她后来又走了。"

　　许多年过去了，这个年轻人慢慢老去，但他还在寻找利。最后，他来到世界的尽头，那儿有一个黑暗的山洞。老人进了山洞。等到眼睛适应了黑暗之后，他发现山洞里有一个又老又丑的妇人。一个声音告诉他，眼前的这个妇人就是利。虽然非常失望，但他还是凑到她的跟前问她："我一直在到处找你，开始时我还是个年轻人，现在我已经完全老了。许多人都像我一样盼望着你，对你翘首以待。为什么你总是躲着我们，躲着这些热切追求你的人呢？求求你了，走出这个山洞，和我一起回到世界上去吧。"利没有回答他。老人花了许多天来劝说利，可利像哑了一样，始终不搭理他。当老人明白利从未离开过她隐身的这个山洞之后，他说："那算了，由你去吧。既然你不肯跟我一起走，那我就一个人回去了。但在走之前，我有一个要求：'你得给我一个口信，我把它转达给世上的人，好证明我确实找到过你。'"这时，利，这个又老又丑的妇人，抬起头来，盯着老人的眼睛，一字一顿地说："告诉他们，我年轻而且漂亮。"

　　年轻人为了追求利老了容颜，虽然最后终于追寻到了，但全是失望。原本以为是一个漂亮的姑娘，以为自己找到了她就可以幸福一生，但事实上却是一个又老又丑的妇人，自己追寻到的竟然是一个想象中的幻象，并且在追寻的过程中流逝掉了宝贵的时间，也错过了可能会拥有的幸福。其实在我们的人生中很多人都跟故事中的年轻人一样，为了追求想象中认为可以幸福的那份利，抛弃了一切，也舍弃了一切，但是结果却是什么都没有得到，并且还可能赔上自己一生的幸福。

其实利只是身外之物，俗话说生不带来，死不带去。想想我们为什么要把自己美好的青春浪费在追逐利益上面，想想我们为什么要让自己因为那些追逐而伤痕累累，让自己身心疲惫？人生本该轻松，我们在职场上也应该让自己过得舒适，过得自在，在任何时候我们也不能忘记我们所做的一切都是为了让自己生活得更好。所以当我们觉得利牵绊了我们的脚步，对我们的生活造成压力，对我们的心灵造成负担的时候，我们就应该毫不犹豫地舍弃那些利，以获得自己心灵的安宁与自由。

不要让利成为自己身心的牵绊，也不要让利左右我们的人生，更不要让利去破坏我们生活的美好。学会给自己的生活做减法，我们就要学会剔除自己心中那些让我们沉重不堪的欲望，就要学会懂得适当的追求，然后在适当的追求中跟上幸福的步调。

心 灵 寄 语

利是一把双刃剑，有时候不仅会割伤别人还会割伤自己。所以在人生中我们要学会把握追求利的那个度，准确地衡量它存在于我们人生中的价值，这样我们才能不会被它所累，才不会被它割伤。

2. 别忽略了踏实勤奋的价值

在职场，踏实勤奋永远都不会过时，踏实勤奋也永远不会给我们带来害处。一个懂得踏实勤奋的人，一定能够把自己的本职工作做好，也一定能够让自己的事业攀上一个又一个高峰。

有人说现代社会是一个讲求创意讲求头脑的社会，以前的那些踏实勤奋已经不再适合现在的职场，也不再适合现代人的生活。可能很多的人会这样认为，也有很多的人这样做着，这样对待自己的生活，这样对待自己的工作。可是我们不知道，一个对生活、对工作、对生命有深刻理解的人是不会这样认为的，在他的眼里，踏实勤奋永远都不会过时，并且会随着时代的变化越来越彰显出它的魅力。

俗话说，要做事，就必须先学会做人。而做人的一个很重要的方面就是要踏实要勤奋。可是在我们的生活中很多人都不这样认为，他们觉得现代人就应该有现代人的张扬，有现代人的特点，不管是我们的穿衣打扮还是我们的行事风格都应该跟我们的地位跟我们的成就搭调。如果我们是一个事业有成的人，我们就应该有事业有成的人的样子，我们就不应该去穿那些没有牌子的衣服，我们就不应该去坐地铁，就不应该去小餐馆，就应该有自己的架子，就应该有自己的个性。其实这样的想法并没有什么错误，这样的做法也并没有什么让人接受不了的，但是我们要知道一个真正有涵养，真正有素质，真正称得上成功的人，他们是不会太注重那些外在的东西的，他们注重的是自己内心的修养，注重的是自身的修炼，他们知道如何去做人，如何去做事，他们也知道踏实勤奋对他们人生的意义，以及踏实勤奋带给他们的收获。

话说很多很有成就的科学家、艺术家都从始至终保持着其原本的样子，都在自己的岗位上踏实勤奋地奋斗着，并没有因为有了成就，就忘乎所以。曾有人问爱因斯坦为什么有了钱却还穿那么破的衣服。爱因斯坦回答："我就是穿得再好，认识我的人知道是我，不认识我的人依然不知道我是谁。那么，我穿得好或不好有何区别呢？"除了爱因斯坦之外，还有肖伯纳、居里夫人等。他们虽然都在各自领域中有了一番成就，却没有因此就骄傲自大，为所欲为。他们依旧钻研、依旧朴实、依旧谦虚，尽他们的能力去帮助他人，为社会甚至整个世界作贡献。

虽然他们都很有成就，但是他们没有因为自己的成就而去张扬，也没有因为自己的成就骄傲自满，不再像往日那样勤奋踏实，他们依旧在自己的岗位上钻研，一直奋斗。其实我们的人生也要如此，如果我们有了一点点成就，就骄傲自满，就不再去奋斗，不再去踏实做事，那么我们就很有可能会固步自封，当然也就不会有多大的成就。

一个做人勤奋踏实的人，不会因为自己取得的一点成就就骄傲自满，也不会因为自己得到了一些东西而放松自己，虽然他会为自己取得的成就高兴，但是在高兴之余他也冷静地知道自己还有更多的事要做，自己还需要更大的努力，还有很多的东西需要自己探索、学习，还有很多的不足需要自己去改进和提高；一个踏实勤奋的人，才能将自己的本职工作做好，也才能让自己攀上一个又一个的高峰。

张强第一次代表公司去招聘新人，这也是他人生中作为招聘者的第一场招聘会。看着一张张殷切的脸庞，他的任务却是提出一堆让他们眼里的光芒收敛起来的问题。

第一个应聘者，是一个名校毕业的女孩，在说了一通自己的特长之后，张强问她："你说你会 InDesign 软件，可你连软件的英文都拼错了。"那个女孩脸红了红，说："哎呀，这是昨天匆匆忙忙赶出来的，所以可能拼写有错误。"那一刻她已经失去了面试的机会，因为她可能以后在工作的时候借口说来不及而犯错误。

接下来的应聘者几乎每个人都有一张"毕业生推荐表"，上面的推荐语也几乎千篇一律。其中一个学生会主席递来一张简历，上面写着她的社会实践："组织过某个大型的国际学生会议，与伦敦、纽约等地的大学建立了长期的合作关系。"这句话无疑是一根长长的木板，但是张强还是要敲打一下它的可靠性。

"你是怎么联络这些著名的大学的呢？"他问。

"嗯，给他们发 E–mail 啊，国外的大学网站做得很好的，上面都能找到相关的信息，发信去邀请他们来参加会议，有回应的就继续谈。"她说。

"那你具体做些什么事情？负责哪几个环节？"他继续问。"哦，我就让我们组里相关的负责人去做的，他们得到回应之后，我去申请经费。"

"那，其实你没有亲自与伦敦、纽约等地的大学建立长期的合作关系啰？你做的事情就是打报告啰？"他继续问。

"话不是这样说的。你说世博会，大家肯定说是市长办的，不会说是底下哪个具体的人做的……"她辩解着。

最后一个面试者是一个腼腆的女孩。她的简历老老实实，当问到会不会使用某个软件的时候，她很诚实地说："不会，但是我可以学。"她要回了她的简历，说等她学会了那个软件之后，拿着作品再来面试。这一刻，张强知道她已经赢得了她的下一次机会。

在职场中如果我们想去一个公司做事，想要让一个公司认可自己，那么我们永远也不要忽视了踏实勤奋的素质，当然也不要忽略了踏实勤奋的价值，因为踏实勤奋不仅是我们的一种做事方式，更是我们的一种工作态度，也是我们的一种修养。

记得扮演沙僧的闫怀礼老人曾说过这样的一句话："我要一辈子都像沙僧那样本本分分，踏踏实实做人。"踏实勤奋是我们不可或缺的一种人生态度，一种做事方式，更是我们职场成功必不可少的条件。

心 灵 寄 语

踏实勤奋是一种人生态度，也是一种做事的方式，更是我们事业成功必不可少的一个条件。一个人想要在自己的职场上有所作为，想要在自己的人生中攀上高峰，就千万不能忽视踏实勤奋的价值。

3. 不要因权势降低了理想的高贵

理想应该高贵，不管现实如何，不管道路多么的曲折，我们都不应该因权贵降低了理想的高贵，也不能因为权贵而去污染自己的心灵，从而让灵魂负重，让自己的生活痛苦。

有人说，在真正的理想与现实之间有一座桥，这座桥不是很长，但也不短，这座桥不是很宽但也不窄，可是这座桥很难通过，并且这座桥上有很多的阻碍与陷阱，有很多的诱惑以及迷乱，需要我们努力前行，需要我们把持自己的心性，需要我们能够经受住考验与诱惑，当然也需要我们的坚持与韧劲。只有我们走稳脚下的每一步，只有我们的心灵保持原来的色彩，我们才能安全到达彼岸，才能看到桥那边真正迷人的风景，才能在桥的那边让自己的理想开花，让自己的人生获得圆满。

人的一生不能没有追求，也不能没有自己的理想，如果没有理想的牵引，没有理想的召唤，那样我们的日子就会过得很乏味，我们的生活也会失去目标。我们都知道，一个成熟的理想不会偏离现实太远，也不会接近现实太多，这样才能让我们更好地去实现，这样才会在追求的过程中不会显得太累，也不会显得过于轻松，失去了原本的意义。

可是我们都知道追求理想是一个漫长的过程，也是一段辛苦的历程，在途中我们会遇到困难，会遇到阻碍，会遇到诱惑，这就需要我们的坚持，需要我们的冷静，需要我们秉持着当初的信念，不然的话我们就很容易迷惑，很容易放弃，也很容易在一些困难面前低头，让自己的理想变了味道，甚至在半路夭折。

可能在我们追求理想的道路上会有坎坷，会跟现实有很大的差距，也会招来很多的误解，但是我们只要秉持自己以前的想法，不要让现实的压力压倒自己的理想，不要污染了自己的本性，那么总有一天我们会看到理想的曙光。相反如果我们因为现实中的苦难而让自己的理想打了折，让自己的理想变了味，那么有可能会造成我们心灵的负重，也有可能会让我们自己伤痕累累。

心 灵 寄 语

在理想与现实之间，总是有很多限制性的因素。我们不能为了实现自己的理想而让自己的心灵受累，让自己的理想变味。我们应该懂得坚守，懂得保持理想的本色，因为那才是真正的自己的理想，才值得我们追寻。

4. 可以眼高，但不能手低

在职场中，我们可以眼高，但绝对不能手低。眼高只是说明我们有追求，但是如果手低就说明我们没有能力，不会有什么作为。

一个眼高手低的人注定是要在职场上跌跤的，也注定会被自己绊倒。

有人说，职场就如没有硝烟的战场，如何在这个战场上赢得胜利，就需要我们去好好琢磨、好好思考。其实在职场上永远都有那么一些雷区，也总有那么一些陷阱，需要我们去避开，需要我们去注意。其中眼高手低就是一个陷阱，也是一个等待我们去踩的雷区。如果我们一不小心踩到了，我们就要注意了，因为这个雷区可能会给我们的职场生涯带来很多的挫折，也有可能会给我们造成很多的困惑，会给我们的心灵造成很大的压力。

因为眼高手低，我们才会抱怨自己的工作过于简单，也会埋怨得不到上司的重用，当然也有时候会觉得自己没有遇到伯乐；因为眼高手低，我们才会在实际工作当中，当上司给我们布置了一项任务的时候，不能顺利完成，会在没有完成以后去抱怨那份工作的复杂；因为眼高手低，我们会因为自己的高傲以及名不副实，招来同事的讨厌与忌恨；因为眼高手低，我们会让不满以及抱怨充斥自己的心灵，会摆不正自己的人生位置，会让自己的心灵负重，让自己过得疲倦不堪；也是因为眼高手低，有时候我们会丢失掉自己的工作，会在自己的职场上失利。

一个懂得在职场上生存的人，他一定是一个踏实的人，是一个不会眼高手低的人，他知道给自己准确的定位，也知道如何去经营自己的职场人生，怎样不会因为踩到职场的雷区而让自己的身心受累。

蒋明和李杨同时被一家外企公司录取。他们同样年轻，并且同样拥有着自己的梦想，当然也是充满着干劲。当初在应聘的时候，考试官问跟他们一起去应聘的人：为什么要选择本公司。当时他们回答的内容五花八门，但是最让考试官满意的是蒋明和李杨两个人的回答。蒋明说，他想在公司里面实现自己的梦想；李杨说，他想改变公司的命运，让公司为他骄傲。当然在进了公司以后他们也在努力地履行着自己当初给自己还有给公司的承诺。

可是不管他们以前是多么的优秀，但是在进了公司以后他们还是遇到了很多的问题和麻烦。虽然他们两个都是名校毕业，拥有着扎实的理论基础，但是对于实际工作他们毕竟还是有点生疏，所以刚进公司，他们还是从基层做起，从小事入手。他们也得给公司的前辈端茶倒水，给他们打下手。对于这件事情，蒋明倒觉得没什么，对于一件小小的事情也是干得津津有味，没有丝毫的怨言，也是做的井井有条。但是李杨却不一样，对于公司的安排，对于公司对自己的不重视他充满了不满，也总是抱怨上司不给自己实际的事情来做，不能体现他的才华，总是让他一个名校毕业的高材生做端茶送水复印资料的小事。听到李杨的抱怨，上司于是决定给他们一个机会，让他们各自负责一个项目，然后通过这个项目来安排他们以后要负责的工作。

在接到任务后，蒋明显得有点紧张，但是在查阅了很多的资料，并且请教了很多的前辈后，他开始了自己的工作，每天不断地努力着。而李杨在接到任务后跟蒋明的表现完全不同，他高兴得手舞足蹈，并且告诉自己的亲友同事，自己终于有大显身手的机会，于是他也按照自己的想法每天进行着自己的任务。

过了半个月，结果出来了，蒋明圆满地完成了自己的任务，但是让大家跌破眼镜的是李杨并没有像大家想象的那样完成自己的任务，也没有像他自己吹嘘的那样什么都会，能够挑战高难度，他失败了。当然经过这件事情上司对他的能力也慢慢产生了怀疑，对他所说的话也是将信将疑。但是李杨还是不知道改进自己，也没有做任何的检讨，还是抱怨老板不器重自己，让自己没有改变公司命运的机会，也不给自己让公司骄傲的机会。但是相反的蒋明因为这次的事情得到了上司的重用，但是他还是踏实做事，没有任何的抱怨，一直在为自己的理想努力着……

蒋明和李杨进入公司的时候可以说机会是均等的，他们也处于同样的高度。但是不同的是故事中的李杨是一个眼高手低的人，他总是把自己看得过高，也总是想着让公司的命运因他而改变，可是他不知道自己的眼高手低不仅不会让公司的命运改变，不会让公司因为他骄傲，反而是让自己原本应该有的机会悄悄溜走。而故事中的蒋明就不同，他知道在职场上需要虚心学习，需要踏实与勤奋，知道如何不去踩职场上的雷区，当然他就可以得到上司的重用，慢慢去实现自己的理想，让自己的心灵不因这些事情所累。

在职场中，我们要学会去避开职场的那些雷区，我们也要学会去绕开职场的那些陷阱。不要眼高手低，也不要总是充满抱怨，更不要总是在别人的身上找毛病，这样我们只会让自己吃亏，只会让自己觉得劳累，让自己在职场中寸步难行。

♥ 心 灵 寄 语

职场如战场，如果我们想要在职场中求得生存与发展，我们就要避免眼高手低的误区，就要避开眼高手低带给我们的损失与伤害，就要学会踏实做人，勤奋做事，就要学会用努力去实现自己的理想与追求。

5. 削减职场敷衍，用热忱点亮希望

工作态度就是我们的生活态度，敷衍自己的工作也是敷衍自己。职场上容不得敷衍，一个人想要在职场上有所收获，想要在职场上轻松地走下去，那么就要拒绝敷衍塞责，应该用热忱去点燃未来的希望。

有人说，职场其实就是一个充满着馅饼的地方，只要我们懂得去寻找馅饼，去迎接馅饼，那么我们就肯定会满载而归；相反的如果我们不知道如何去寻找馅饼，如何去迎接，那么即使馅饼在我们身边我们也得不到，不仅如此，我们还会被自己那些欲望以及那些想要得到馅饼的急切心情所左右，让自己喘不过气，甚至会让自己的人生负重。

对于在职场上如何去迎接馅饼，虽然每个人都有自己的想法，每个人都有自己的经验，但是其中也有很多共同的规则，里面有一条就是：在职场容不得敷衍塞责，应该用热忱去点亮我们的希望。在职场上，敷衍看似是一种放松，看似是一种悠闲，但实质上却是一种负担，却是一种对自己的毁灭。因为一个人如果在工作上积极热忱，那么说明他在精神上也认可了这份工作，他喜欢这份工作，很享受这份工作，并且这份工作带给他的是热情、是欣喜，而不是厌倦，不是折磨，他当然也就想着把这份工作做好，他对自己的未来也充满了希望。但是如果一个人对于工作总是敷衍了事，总是采取应付的态度，那么说明在精神上他已经不喜欢这份工作，也不认可这份工作，所以这份工作带给他的是痛苦、是折磨，当然他也看不到自己的未来，看不到希望，这样不仅浪费了自己的时间，还浪费了公司的资源，让自己的心灵产生压力，也让自己过得不轻松。

工作是为了让我们生活的更好，可是如果由于所谓工作原因让我们没有希望，倍受折磨，那么我们就要考虑一下我们工作的价值以及意义了。如果我们经过思考，觉得自己还是需要这份工作，还是想待在自己的公司，那么我们就要转变一种心态了，我们不能因为在精神上不接受自己的工作，不认可自己的工作而去敷衍了事，而应该尝试着用自己的热忱去点亮职场的希望。当然在职场中如果我们能够一直保持着自己的热忱，那么我们就会发现在职场中到处都是希望，到处都是进步，到处都是成功，我们也不会被职场所累，也不会因为自己的工作而负重。

詹姆士·伦第威在60年代早期，参加了卡耐基在明尼亚波利斯开的课，那时候他在为约翰·韩考克保险公司推销人寿保险。他极为热心于卡耐基的课程，以至于他被公司调到密苏里州圣路易市之后，就去找那里的卡耐基课程的经理雷德·史托瑞，志愿担任小组长，最后自己也获得了担任教师的资格。

一年不到，伦第威就升任了人事经理，并且在圣路易建立了业绩最优的推销员群。他已经有资格买卡迪拉克车了，但是他还不满意，他去找他的上司，说他如果做现在的工作，做久了就不会快乐。他告诉上司："我要做你的工作或者和你差不多的工作，否则在今年年底之前我就会辞职不干了。"

因为他是一个很有能力的人，公司不愿意失去他。在第二年初，他被派到奥克拉荷马州杜沙市担任分公司经理。以前公司在杜沙没有分公司，没有推销人员，没有顾客，但是不出一年，伦第威雇用了42名推销员，并且打破了公司的推销纪录。

之后公司把他调到波士顿总公司，担任发展训练经理，负责在全美国各地设立分公司。过了一年，公司派他回到圣路易市，担任地区副总经理，而这时候，他才三十刚出头。不到35岁，伦第威的职务又调动了——调为公司的副总经理。

伦第威在职场上一直保持着热忱，也用自己的热忱寻找着、迎接着职场上的馅饼。在他的眼中，工作并不是一个负担，也不是一项可以敷衍了事的事情，工作就是要热忱，要有激情，要有冲劲，这样才能在工作中收获成功，才能在工作中一直拥有希望，让自己不被工作所累。

一个做事敷衍或者做事热忱的人，在职场上显然会有着两种不同的命运，当然也会给公司创造不一样的价值。一个做事热忱的人，喜欢去钻研，喜欢去实施，喜欢去给公司创造价值，当然创造的价值大了，公司肯定会给予其相对应的报酬，并给予其重用；但是一个做事敷衍的人，只会想着偷懒，只会想着去逃避自己的责任，只会想着去逃避自己的工作，只会想着自己，这样他也就不会给公司创造多大的价值，当然最后不会得到多少报酬，也不会得到公司的重用。

既然我们选择了职场，我们选择了在职场上生存，那么我们肯定就想有一番作为，想要让自己的价值得到体现，想要收获成功。爱默生说过："有史以来，没有任何一件伟大的事业不是因为热诚而成功的。"事实上，这不仅仅是一段单纯而美丽的空话，而是指引我们成功的灯塔。在职场上，我们应该用热忱去唤醒那些潜伏在职场中的希望，用希望去铸就自己的成功，去减轻自己的负担，去为自己的成功开路，而不是用敷衍阻碍自己，让自己错失良机，让希望破灭，从而也让自己的心灵负重。

❤ 灵 寄 语

削减职场的敷衍，用热忱去点亮希望。如果我们能够用热忱去寻找职场中的馅饼，用热忱去迎接职场中的馅饼，我们会发现其实职场并没有我们想象中的那么复杂，职场的路也没有我们想象中的那样难走。

6. "名"是荣誉，也是浮云

"名"是荣誉，也是浮云；"名"是成就，也是束缚。如果我们一心去追求"名"，不知道停歇，不懂取舍，甚至不惜任何代价，那么到头来追到的可能并不是名，而是一身的疲倦与哀伤，当然我们还会丢失很多，因为"名"有时候终究只是一场空。

从古至今，"名"一直是人们所追求的，也是人们一直所向往的。在古代多少人寒窗苦读，想着终有一日金榜题名；在现代多少人也想着如何去出人头地，如何在自己的领域闯出一番天地，从而功成名就。他们在追求名的这条路上跌跌撞撞，历尽坎坷，最后有的人得到了，但是也有的人在这条路上迷失，最终没有走出"名"设置的魔障，还让自己伤痕累累。虽然"名"是一个充满诱惑的东西，可是我们不知道，"名"有时候也是牵绊，更是浮云，有时候带给我们的虽然有荣誉，但更多的只是负担。

在社会中我们都知道，在各个领域都有得到"名"的那些人，唱戏的有名角，唱歌的有名歌星，演戏的有名演员，新闻界有名记者，当然科技界也有名专家，管理层有名领导。这些人在我们的社会中，在他们的领域中无疑是最成功的人，也是最有名气的人，他们有着比别人高的威望，并且也有着不少的"粉丝"，有时候他们的一动，可以在他们的领域刮起一阵旋风。但是不管他们有多么的辉煌，拥有多少的名誉，拥有多少的名望，也只是过眼烟云，也不能长久，因为"名"是最经不起时间考验的一个东西，也是最经不起折腾经不起遗忘的一个东西，当然在他们的心头，"名"也会给他们很多的牵绊与负担，并且有时候"名"过后，留给他们的不再是辉煌，只是遗忘与哀伤。

名是荣誉，是耀眼的光芒，但是名也是束缚，更是浮云。名不会给我们幸福，只会给我们的幸福减去分量，只会给我们的幸福造成负担。放下那些名利的牵绊，放下那些名利的束缚，不要再为名而让自己伤痕累累，也不要再为名让自己负重。把握自己现有的幸福，抓住自己现有的一切的感动，那么我们会在自己现有的工作与生活中找到自己人生的价值，也找到自己的成功。

心 灵 寄 语

宠辱不惊，闲看庭前花开花落；去留无意，漫随天外云卷云舒。不管竞争有多么的激烈，不管别人在怎样的追逐，只要我们拥有一颗坚持自己信念的心，不重名利，不计得失，那么我们也会有属于自己的成功。

7. 放手不是丢失所有，而是得到更多

人只有两只手，能抓多少东西？在职场中，有时候我们想要抓住的越多，想要抓的越紧，那么我们失去的也可能就更多。有时候如果能够放手，可能并不是丢失所有，而是会有意想不到的收获。

人生就是一个不断取舍的过程，在职场也是如此。可是在我们的人生中，有太多的人不懂得在职场上如何去取舍，也不知道如何去放手，从而让自己负重累累，让自己身心疲惫。其实，在职场中懂得放手也是一种智慧，也是一种应对职场风云的手段，在职场上放手不是丢失所有，有时候反而是为了得到更多。

李慧第一次听到"Let Go"这个词是在自己犯了一个重大错误之后。那件事情不大，但是后果却很严重，害得她的老板在他的上

司面前挨了一顿臭骂。李慧感觉到非常的懊恼，因为那是一个不该犯的错误，而且，老板也在之前问过她 N 遍："你确定？"当时李慧板上钉钉子似地一次一次回答："我百分之百确定。"可是，偏偏是小河沟里翻船了。

"为什么？"老板问。

"不知道，我真的做了所有该做的。"她委屈但同时又觉得理亏。

"再看一遍你做的项目，一定有你忽视的地方，写个报告给我。"老板铁着脸走了。李慧一上午都在难过中度过，一会儿想：自己多丢人呀，一会儿又想：老板的老板该如何看自己呢？也许真的是自己能力不够，要不然怎么会如此痛苦？并且时不时又萌发出辞职回家不干的念头。整个上午，她不是发呆，就是灵魂出窍的状态。

下午硬着头皮，她又仔细看了几遍自己做的项目，终于发现错误完全是源于自己的疏忽和"想当然"。写完给老板的报告，心想：交了就完了，以前所有的努力和信誉都毁了。因为，百分之百是自己的错，想赖别人都赖不上，想找个客观的理由轻描淡写一下都不能自圆其说。

"怎么样，写好了吗？"老板问。

"嗯，百分之百是我的错。"她低着头，不敢直视他。

"是吗？以后如何避免同样的错误呢？"老板拿着报告，边说边走。

"我，我，"她已经快崩溃了，还有那心思？第二天，来到办公室，李慧人不但没精神，还觉得每个人看自己的眼神儿都怪怪的。因为要给老板一个文件，只好又硬着头皮进了他的办公室。

"怎么样？"老板问。

"能怎么样？"李慧反问。

"这么说，你抱着你的烦恼睡了一夜？"老板问。

"你啥意思？"李慧一下有点儿懵。

"Let Go！"老板说。

"I can't！"她坚持着。

"好，告诉我，你现在还能做什么？该发生的事儿已经发生了，后果已无法改变。你现在要做的是找出原因，学习该学的功课，制定预防再次发生的措施，然后放手，（Let Go），继续前进。"

走出老板的办公室，李慧立刻觉得人轻松了许多。也许是碍于面子，她不能放手，也许是太顾及别人的看法，她无法放手，或者是太追求完美，她不愿放手，也可能是从不服输的顽疾，让她不想放手。其实，真的，不"放手"就是不折不扣的自己和自己过不去！

在职场上什么样的事情都有可能发生，也有很多的事情会出乎我们的意料，所以我们不能让自己的精神一直处于一种紧绷的状态，也不能跟自己过不去。故事中的李慧，可能因为碍于面子，所以不知道放手，也许是顾及别人的看法，不知道放手，也许是太过追求完美，不知道放手，也有可能是因为从不服输的顽疾，所以不知道放手，从而让自己被烦恼缠身，让自己丢失了洒脱，丢失了快乐，让自己的心灵负重，让自己的内心纠结。

其实"放手"（Let Go），是我们职场必备的一种素质，也是我们在职场轻松遨游的一种手段。懂得了放手，我们就不会太在意别人对我们的态度和看法，我们也就不会因为别人的看法而左右自己的心情，而让自己感觉到疲惫；懂得了放手，我们就不会有那么多无谓的坚持，也不会造成自己精力以及时间的浪费；懂得了放手，我们就不会因为不知道变通而让自己深陷烦恼，不会让轻松与愉快与自己擦肩而过，让自己被执著困死在僵局。职场需要我们的 Let Go，也需要我们的潇洒，需要我们的变通，能够 Let Go 的人，不会受自我以及他人的情绪的控制，也不会被当下的环境所辖制，更不会丢失所有，反而会得到更多，会有更大的收获。

很久以前，有一个守塔人，他孤零零的一个人待在一个荒岛上，岛上除了乱石和他，就只有一座灯塔。20 多年，他就一直守着那座灯塔，为过往的船只指引航道。一个风雨交加的夜晚，他隐约听到了船只的鸣号。凭着多年的经验，他知道，若船再向前行驶 50 海里，就会触礁沉没。于是他赶紧跑向灯塔，燃起火把并把它升到最高处，指引船只避过暗礁。风停了，雨住了，船长走上荒岛，发现岛上只有他一个人，不禁感慨万分，随即紧握住守塔人的双手说："跟我走吧，这儿的生活太单调太苦闷了，我带你去另一个地方，每月付给你 3000 美元的酬金。"守塔人却淡然一笑："10 年前，有个船长也这样对我说，并允诺会给我 3500 美元的酬金。"船长再也没有说话，然后就静静地走了。守塔人继续留在那个孤岛上，为来往的船只指引航道。

放弃了那些酬金，却宁愿待在孤岛上为来往的船只引航，可能我们会觉得这个守塔人愚笨，不知道取舍，不知道去享受人生。可是我们不知道，守塔人的不离开并不是一种执著，而是一种放手，对俗世社会的放手，他选择了灵魂独处时的恬静，在面对人生的抉择之中，他放下了一时的得失，反而成就了自己的人生。

心 灵 寄 语

在职场中，放手并不是丢失所有，执著也不会得到更多。职场有太多的状况，也有太多的事情不是我们可以掌握的，我们能做的只是拥有一颗淡然的心，在该放下的时候放下，让自己过得轻松，让自己收获潇洒。

8. 职场无视娇小姐，吃苦小草受青睐

职场永远都是一个现实的地方，也是一个不适合娇小姐的地方，职场需要我们的吃苦耐劳，需要我们的踏实勤奋。如果我们娇贵赢弱，如果我们受不了一点苦，那么我们就只能被职场淘汰，被职场打倒。

著名数学家华罗庚在一首诗中写道："勤能补拙是良训，一分辛苦一分才。"可能我们觉得在当今社会，在我们现在的职场上，吃苦耐劳已经不是多么的管用，勤能补拙也不再是佳话，聪明的人是用脑袋去应对职场，只有愚笨的人才会用吃苦耐劳去对待自己的

工作。这样的想法可以说是无可非议，但是不管是在以前还是现在，不管职场怎样的风云变幻，我们都要清楚地知道，吃苦耐劳永远都不会过时，勤能补拙也并不是已经过去的佳话，在职场上有时候拥有吃苦的精神反而比什么都要重要。

一个人在职场上如果能够吃苦耐劳，如果能够勤奋踏实，那么就算是小草，他也能崭露头角，也能活出自己，也能实现自己的理想，达成自己的愿望。

那一年，周凯大学毕业了。在一次人才招聘会上，他被南方一家企业相中。与周凯同时被吸纳的，还有另外一位毕业生，他叫杨林，经历与周凯大同小异。

报到那天，公司老总亲自领着他们参观工厂。来到一个车间，他对周凯、杨林说："欢迎加入我们的企业，从今天开始，你们就是这个车间的工人了。"说着他把车间主任喊来，叫主任给他们分配活儿。然后转身走了，留下周凯和杨林面面相觑。还没等他们回过神来，车间主任就塞给他们俩一人一副手套，叫他们跟工人一起去搬铁块。

这是一家钢铁企业，周凯、杨林现在所处的车间是切割铁块的，车间主任安排给他们的工作就是从一处铁堆里搬出铁块，抬到切割机上去。这是最原始的体力活！他们两个大学毕业生来这里做搬铁工？就在周凯犹豫时，杨林说了一声"干活吧"，就已经弯下腰去搬铁块了。这些铁块的沉重超乎想象，特别是对于从来没有干过体力活的周凯来说，简直受不了，他只搬了几块，就大汗淋漓、气喘吁吁了。

安排他们做这样的重体力活，周凯觉得太意外了，刚来时的那份欣喜已消失得无影无踪。下班后，他们拖着沉重的双腿走出车间。周凯向杨林提议："我们去找老总，向他问个明白，为什么让我们当搬铁工。"杨林想了想，劝周凯说："我们的简历老总很清楚，这样安排一定有他的道理。"

一个月就这样过去了。周凯刚想去找老总，老总却来了，他说："从明天开始，为你们换个新的岗位。"周凯一听十分高兴。哪想到，所谓的新岗位，是进本企业最危险最艰苦的车间，烈焰腾腾的炉子里吐出一根根通红的钢条，气浪灼人，充满惊险。

好不容易熬到实习期满，周凯壮着胆把自己想换工作的想法说出来，老总和颜悦色地问周凯："你希望做什么工作呢？"周凯愣了愣，他只是对眼前的工作不满，至于自己到底能做什么，他还真的没有想过，就支吾着："至少，不能总让我在车间里干粗活吧。"老总点了点头，一挥手说："好吧，既然这样，你到质检科吧，担任质检员，怎么样？"周凯一听，心里暗暗高兴："不管怎样，我到底不用干粗活了！"

周凯就这样进了质检科。而杨林依然留在钢炉前，与通红的钢条打交道，没有被调动的任何迹象。可谁知几个月后，公司任命了一批新的干部，其中就有杨林，他被老总提升为设备技术科副主任了。

听到这个消息，周凯不由得目瞪口呆。不能想象，这么逆来顺受的杨林，竟受到如此的重用，一跃成了老总的助手。老总拍着杨林的肩膀说："我最欣赏的就是你那种吃苦耐劳的精神与坚韧的性格。"

吃苦耐劳，踏实肯干的杨林得到了提升的机会，而不想受苦的周凯却只能待在不吃苦的质检科得不到提升。谁说在职场只有头脑就可以，谁说在职场不需要吃苦耐劳的精神，谁说在职场吃苦小草不受欢迎。记得有位企业家说过："吃苦的人永不吃亏。"在职场中，吃苦是一种资本，有时候也可以为我们赢得更多的机会，当然还有可能会给我们创造更多的财富。

职场如战场，没有一个人会去同情一个胆小鬼，也没有一个人会喜欢一个不知道吃苦的娇小姐。在职场上娇贵，那是跟自己过不去，是跟自己的未来过不去；在职场上娇贵，不能赢得同情，只是在告诉别人自己承担不了责任，只是在逃避压力；在职场上娇贵，不是彰显自己的魅力，不能获得别人的肯定，只是给自己的职场增设障碍，是让自己的心灵承受负担。

所以想在职场上安然前行，想要在职场上轻松实现自己的目标，想要在职场上有所作为，那么我们就不能用娇贵去迎接职场上的那些挑战，就不能用娇贵去面对自己的工作。既然我们踏入了职场，那么我们就要懂得去坚强，懂得去隐忍，懂得去努力，懂得去吃苦。因为我们要知道，苦，可以折磨人，也可以锻炼人；蜜，可以养人，也可以害人。所以我们要懂得去吃苦，懂得去锻炼自己，这样我们才能在这个风云变幻的职场上轻松前行，才能在纷繁复杂的职场上不让自己的心灵负重。

心灵寄语

职场无视娇小姐，吃苦小草受青睐。在职场上我们要懂得去做一个能够吃苦耐劳的小草，要学会摆正自己的位置，要懂得用勤劳与努力去实现自己的目标、自己的梦想，去赢得上司的重视，从而让自己的职场之路走得更为畅快。

第二章　职场江湖陷阱多，宽心谨慎路更长

职场江湖陷阱多，需要我们宽心谨慎，需要我们随机应变，需要我们用智慧去经营。职场是一个浩瀚的舞台，需要我们不断地学习，不断地改进自己，也需要我们坚持不懈地努力，需要我们一次一次的尝试。想要在职场上轻松无负担，想要在职场上走得更长远，那么我们就需要掌握职场生存的智慧，需要我们用心去经营自己的职场人生。

1．一边走，一边看，一边盘算怎么干

职场需要我们的随机应变，也需要我们的细心观察，更需要我们的智慧经营。在职场上如果我们可以边走边看，可以仔细盘算，那么我们就会少去一些麻烦，也会少去一些危险，那么我们才能在职场上游刃有余，才会让自己的职场之路走得更加长远。

有人说，职场如战场。如果把职场比喻成一片汪洋大海，那么每个在职场上的人就如在大海中奋进的泳者一样，除了要锻炼好自

己的游泳技巧以外，还要顾虑大海中的礁石暗涌，这样才不至于被大海淹没，才不至于让自己在汹涌澎湃的大海中迷失方向。在职场中我们不仅要锻炼好自己的技术，还要懂得搞好跟同事之间的关系，懂得职场中的一些技巧。也就是说在职场中我们想要避开一些职场的陷阱，想要跳过职场中的一些障碍，我们就要懂得在职场中一边走，一边看，然后在心里一边盘算怎么干，这样我们才能不被职场的暗涌吞没，不被职场的礁石撞到。

当然边走边看，边盘算，在职场上有一定的寓意，也有一定的技巧，也不是一件容易的事情。在职场上，很多的人在里面绞尽脑汁，费尽心思，为的就是在职场上安然的生存，为的就是在职场上的步步高升。边走边看，也就是要懂得察言观色，要懂得随机应变，即使职场变幻莫测，即使职场让我们措手不及，但是我们也要学会"看云识天气"，也要真正掌握这门学问，只要掌握了这门学问，那么我们就不会让职场拖累自己，也不会让职场上的一切成为我们心理上的负担。

一个举人经过三科，又参加候选，得了一个山东某县县令的职位。第一次去拜见上司，想不出该说什么话。沉默了一会儿，忽然问道："大人尊姓？"这位上司很吃惊，勉强说了姓某。县令低头想了很久，说："大人的姓，百家姓中所没有。"上司更加惊异，说："我是旗人，贵县不知道吗？"县令又站起来，说："大人在哪一旗？"上司说："正红旗。"县令说："正黄旗最好，大人怎么不在正黄旗呢？"上司勃然大怒，问："贵县是哪一省的人？"县令说："广西。"上司说："广东最好，你为什么不在广东？"县令吃了一惊，这才发现上司满脸怒气，赶快走了出去。第二天，上司令他回去，任学校教职。究其原因，便是不会察言观色。

县令因为不懂得察言观色，不懂得随机应变，不懂得如何去处理与上司之间的关系，所以才丢掉了自己的官职，让自己在职场上寸步难行。由此看来，一个人能不能在职场上随机应变，能不能在职场上察言观色，能不能在职场上处理好与上司的关系，直接关系着他的前途、他的命运，也直接影响着他以后的职场生涯。懂得在职场上边走边看，边盘算，这样我们才能在职场这个大海中进退自如，最后顺利登岸。

一个男人走进一家超市，要求购买半根莴苣。收银的小伙子告诉他，商场只出售整根的莴苣。那个男人坚持只需要半根莴苣。两个人争执不下，小伙子表示，必须请示经理。

小伙子走进经理办公室说："经理，外面有个傻瓜坚持要买半根莴苣。"说话时，他回过头，发现那个顾客正站在他身后，他立刻接着说："幸好，这位绅士说要买另一半。"

经理同意了这笔交易。

顾客走后，经理喊来小伙子："一开始，你已经惹上了大麻烦，不过我承认，你给自己解困的方式让我印象深刻，你是个善于随机应变的人。你是哪里人啊？"

"我来自德克萨斯，先生。"

"噢，是嘛？你干吗要离开德克萨斯呢？"经理不解地问。

小伙子不假思索地说："老板，因为在那里除了球员就是荡妇，我不喜欢那里。"

"嗨，"经理看着这个口无遮拦的小伙子，狡黠地说，"我太太就是德克萨斯人啊。"

"真的吗？"小伙子马上问道，"请问，她是哪支球队的球员啊？"

　　那个小伙子在两次可能面临的错误面前都选择了随机应变，沉着冷静地处理好了自己所犯下的错误，能够把事情圆满解决，从而得到了上司的肯定与赞赏，没有让自己因为职场中的事情受累，也没有因此给自己的职场之路造成阻碍。察言观色是我们一切人情往来中操纵自如的基本技能，也是我们在职场中安全前进的保障，如果我们不会察言观色，不会在职场中边走边看，那么我们就如同在不知风向的天气里面随便去转动舵柄，这样我们可能不仅不能在大海中平安航行，反而有可能会在小风浪里面翻了船。

　　在职场上能够边走边看，能够察言观色，能够用恰当的方式去应对自己职场中发生的一切，能够从人的坐姿，人的说话，人的脸色里面寻找到信息，正确地猜测别人的内心，进而识别他人的意图，从而让自己在职场上应对自如，正确地辨别方向，转动好自己的舵柄，这样我们才能让自己的心获得安宁，才能让自己在职场上游刃有余。

　　职场也讲究一种智慧，在职场上边走边看，边盘算就是一种我们无法忽视的生存方式、生存技巧。有了这个技巧，有了这种智慧，相信不管职场有多么的复杂，职场有多么的风云变幻，我们也能轻松应对，也不会让自己的心灵负重，也不会让自己招惹太多的烦恼与纠结。

♡ 灵 寄 语

　　职场江湖陷阱多，我们要小心谨慎，要学会边走边看，要懂得察言观色，要懂得随机应变。只有这样我们才能在职场这片大海中找到自己的方向，才能轻松驾驭，才能到达理想的彼岸。

2. 别管对方啥态度，问到知识有益处

在职场中，总有一些事情是我们不懂的，也总有一些事情需要我们去问去请教别人，当然并不是我们去问，别人就能够果断毫不犹豫热心地来告知我们。所以当我们去请教别人的时候，不管别人是怎样的态度，我们要知道只要问到知识就是对我们的帮助，就有益于我们在职场上轻松前行。

问，似乎一直是一个亘古不变的话题。在几千年前，孔老夫子就提出了"不耻下问"的观点，他用自己的行动以及言语向我们述说着自己对知识的追求。身在职场，可能我们技艺精湛，可能我们几乎无所不知，可能我们备受尊敬，但是这都不能说明我们不会遇到不懂的问题，不会遇到难题。在我们遇到问题、遇到难题的时候我们应该怎么做，应该如何去应对，这就是需要我们思考的一个问题了。不懂就要问，不管我们是职场新人，还是职场老手，不管我们职位是高还是低，不管我们问的对象是怎么样的态度，我们都要懂得去问，因为只有我们去问了，我们才会知道那些知识，我们才不会因为在职场的无知而让自己不知所措，让自己寸步难行。当然问也是我们对待职场对待生活的一种态度，也是对自己的一种负责，对自己工作的一种认真。

孙中山小时候在私塾读书。

那时候上课，先生念，学生跟着念，咿咿呀呀，像唱歌一样。学生读熟了，先生就让他们一个一个地背诵。书里的意思，先生从

来不讲。

一天，先生又教了一段课文。孙中山读了几遍，就能背了。可是，书里说的什么意思，他还有些不明白。孙中山想，这样糊里糊涂地背，有什么用呢？于是，他壮着胆子站起来，问："先生，您刚才让我们背的这段课文是什么意思？请您为我们讲讲吧！"

这一问，把正在摇头晃脑念书的同学吓呆了，课堂里霎时变得鸦雀无声。

先生拿着戒尺，走到孙中山跟前，厉声问道："你会背了吗？"

"会背了。"孙中山说着，就把那段课文一字不漏地背了出来。

先生收起戒尺，摆摆手，让孙中山坐下，说："我原想，书中的道理，你们长大了自然会知道。现在你们既然想听，我就讲讲吧。"

先生讲得很详细，大家听得也很认真。

后来，有个同学问孙中山："你向先生提问题，不怕挨打吗？"

孙中山笑了笑，说："学问学问，不懂就要问。为了弄清道理，就是挨打也值得。"

孙中山为了知道自己所学的知识，为了弄懂其中的道理，不怕挨打，也不管别人的眼光，终于得到了自己想要的答案，当然这种精神也对他以后的人生有很大的帮助。可是在职场中，问也是一门很深的学问，不是我们随随便便就可以做到的事情，为了使自己在问的过程中不出现一些不必要的麻烦，为了让自己在问的过程中能够问到自己想要的答案，那么我们就一定要掌握问的技巧。

首先，我们要在问之前有所准备。

在职场中，我们有不懂的问题，在有疑问的时候，我们就需要去问，我们可能要去问自己的上司、自己的同事，甚至是自己的下属，但是这个问也不是我们随随便便就可以去实施的，这需要我们在问之前有所准备。在问题出现的时候，我们一定先要有自己的判断，先要自己去思考，尝试去解决，并且我们也要去看资料，去找方法，而不是一出现问题，我们就直接去询问。因为如果我们毫无准备的去问，那么我们就不会掌握很多的资料，对别人给我们的回答也是一知半解，这样别人就会觉得我们并不是不懂，而是出于懒惰不去寻找答案，这样会对我们以后的职场生涯造成阻碍。

其次，我们要把握问的时机。

问，不是我们想要问的时候就应该去问的。任何事都是一样的，需要我们把握时机，需要我们去掌握那个时间。在职场中，如果我们遇到了难题，遇到了自己无法解答的困惑，需要别人给我们解说的时候，我们一定要懂得选择时机，尽量不要在别人忙碌的时候去打扰别人，也不要在别人心情不爽的时候去给他们制造麻烦。我们要挑着别人心情好，别人没有事务缠身，能够给我们解答的时候去问，这样我们可能会更容易得到我们想要的知识，会更容易得到我们想要的答案。

再次，我们要掌握问的方法。

问，需要我们掌握一定的技巧，需要我们留意问的方法。在问的过程中，我们要让别人感受到自己的诚意，感受到自己求知的强烈欲望，这样我们才能让别人感觉到自己的回答是对我们的帮助。询问的时候方法的好坏，直接导致别人会不会给我们答复、回答时的态度，以及我们对答复的满意度。询问的时候我们一定要态度谦卑，一定要懂得尊重别人，也一定要问到自己想要的核心要点。

最后，我们要掌握自己问的心态。

每次的询问并不是像我们想象的那么容易，也不是每次都能得到别人热心的帮助。可能有时候在我们询问的过程中会受到别人的嘲弄，会让自己难堪。但是不管别人的态度怎样，我们都要明确地知道只有得到自己想要的答案才是重点，我们要有个良好的心态。

在职场中问是一门很深的学问，也是一门很重要的技巧。懂得如何去问，可能我们会在职场上更加轻松地行走；懂得如何去问，可能我们也会解决职场中的很多问题，当然我们也可能会少去很多的麻烦，让自己不在职场中负重。

心 灵 寄 语

懂得去问，就是懂得职场，就是懂得给自己的职场生涯加砝码。不管别人对我们有什么样的态度，我们只要记住在职场中，问到了知识就是对自己的帮助，问到了知识就是给自己减轻压力。

3. 给自满降温，给成功加码

人生容不得自满，在职场也是如此。一个人如果只知道自满，不知道进步，不知道谦虚，那么就注定在职场这条路上会充满坎坷，会让自己身心疲惫。让我们给自己的自满降温，给成功加码，这样我们才能够在纷繁复杂的职场上轻松前行。

人生就是因为我们给自己身上背负了太多的东西，才会感觉到那么的沉重，才会感觉有那么重的负担，其实自满也是我们给自己增加的人生负担之一。因为自满，我们的心变得日益膨胀；因为自满，我们慢慢地看不到自己的缺点；因为自满，我们跟身边的人越走越远；因为自满，我们也慢慢地心生孤寂；因为自满，我们的人生之路也似乎越走越坎坷……自满就像是我们人生中的一个噩梦一样，执著得让我们不能安宁。但是很多时候我们都不知道，当自满充斥我们的生活的时候，当自满已经干扰到我们工作的时候，我们还是不自知，还是让自满慢慢侵蚀着自己的生活，阻挡着自己的人生之路。

著名学者笛卡尔曾说过："愈学习，愈发现自己的不足。"可能这句话对有些人来说的确是如此，可是对有些人来说情况却不是那样。在我们的生活中，不难看到有些人凭着自己的一点才能，凭着自己比别人多出的一点才干就骄傲自大，就目中无人，不知道何为谦虚，更不知道什么叫人外有人。可是在我们的职场上，如果想要让自己走得更远，想要自己走得更轻松，我们就要给自己的自满降温，我们就不能让自满束缚住自己的脚步，也不能够让自满牵绊住我们的心灵，我们需要用谦虚与好学去弥补自己的不足，去寻找属于自己真正的方向，给自己的成功加砝码。

有一个博士分到一家研究所里，成为了这个所里学历最高的一个人。有一天他到单位后面的小池塘去钓鱼，正好正、副所长在他的一左一右，也在钓鱼。

"听说他俩也就是本科生学历，有啥好聊的呢？"这么想着，他只是朝两人微微点了点头。

不一会儿，正所长放下钓竿，伸伸懒腰，蹭蹭蹭从水面上如飞似的跑到对面上厕所去了。

博士眼睛睁得都快掉下来了。"水上飘？不会吧？这可是一个池塘啊！"

正所长上完厕所回来的时候，同样也是蹭蹭蹭地从水上飘回来了。

"怎么回事？"博士生刚才没去打招呼，现在又不好意思去问，自己是博士生哪！

过一阵，副所长也站起来，走了几步，也迈步蹭蹭蹭地飘过水面上厕所了。

这下子博士更是差点昏倒："不会吧，到了一个江湖高手集中的地方？"

过了一会儿，博士生也内急了。这个池塘两边有围墙，要到对面厕所非得绕十分钟的路，而回单位上又太远，怎么办？

博士生也不愿意去问两位所长，憋了半天后，于是也起身往水里跨，心想："我就不信这本科生学历的人能过的水面，我博士生不能过！"

只听"扑咚"一声，博士生栽到了水里。

两位所长赶紧将他拉了出来，问他为什么要下水，他反问道："为什么你们可以走过去了？而我就掉水里了呢？"

两位所长相视一笑，其中一位说："这池塘里有两排木桩子，由于这两天下雨涨水，桩子正好在水面下。我们都知道这木桩的位置，所以可以踩着桩子过去。你不了解情况，怎么也不问一声呢？"

故事中的博士觉得自己的学历高，所以就显得有点目中无人，就有点骄傲自大。所以在他不明情况的时候没有选择去请教别人，而是凭着自己的想法让自己深陷"池塘"，是自满让他掉进了水里，是自满让他的脚步出了差错。

在工作中，可能我们有一技之长，可能我们是某个方面的专家，但这并不意味着我们就可以目中无人，就意味着我们可以骄傲自满，因为自满对我们的工作一点帮助也没有。就像故事中的博士一样，因为自满，这次只是不小心掉在了水里，如果继续抱持着自满的心态，可能下次就不仅仅只是掉在水里了。所以在我们的职场生涯中，我们要保持一种谦虚谨慎的态度，决不能让自满充斥自己的内心，也不能让自满阻挡了自己前进的脚步。

富兰克林被称为美国之父。在谈起成功之道的时候，他说他今天的一切源于一次拜访。在他年轻的时候，一位老前辈请他到一座低矮的小茅屋中见面。富兰克林来了，他挺起胸膛，大步流星，一进门，"砰"的一声，额头重重地撞在门框上，顿时就肿了起来，疼得他哭笑不得。老前辈看到他这副样子，笑了笑说："很疼吧！你知道吗？这是你今天最大的收获。一个人要想洞察世事，练达人情，就必须时刻记住低头。"富兰克林把这次拜访当成一次悟道，他牢牢记住了老前辈的教导，把谦虚列为他一生的生活准则。

因为不知道低头，所以被撞伤。其实人生也是如此，如果我们总是骄傲自大，不知道低头，不知道谨慎，那么总有一天我们会被撞得伤痕累累，我们会被自己的昂得太高的头颅牵累。

人生无需一直昂着头，人生更不可一直处于一种自满的状态。如果我们感觉到自己的眼睛有一点迷惑，如果我们感觉到自己的脚步有点缓慢，如果我们感觉到自己身边的人都慢慢地对我们疏离，那么我们就应该想想自己是不是自满了，是不是有点骄傲自大了，时刻记得给自己的自满降温，那么我们就是时刻地在给自己的人生减压，在给自己的心灵洗澡，在给自己的成功加砝。

心 灵 寄 语

自满只是一种负重，只是我们走向成功的一种阻碍。所以想要我们的人生变得轻松，想要我们的人生少去那么多的负担，我们就要学会给自己的自满降温，学会在谦虚与好学中给自己的成功加码。

4. 用谦虚叩开职场的大门

有时候我们可能觉得职场很复杂，职场的门槛也很高，我们似乎没有办法去叩开职场的大门，在职场上潇洒行走。但是我们不知道其实不管职场有多复杂，不管职场的门槛有多高，如果我们能将谦虚作为叩门的法宝，就可能会有意想不到的收获。

谦虚似乎是一个永远不会过时的话题，不管我们走到哪里，都能听到人们谈论它的声音，也能看到它以各种各样的形式存在于我们的生活中。常言说得好"谦虚使人进步，骄傲使人落后"，谦虚一直以来都被人们传诵，也作为一种美好的品德被人们所尊崇。但是谦虚并不是妥协，更不是懦弱，而是一种甘为人下的处世方式。在我们的生活工作中，如果我们总是以谦逊的心态对待一切，以谨慎的方式去做事情，那么到时候我们获得的就不仅仅是事物本身，有时候还会得到意想不到的收获。

在美国有一位叫哈利的小伙子，他想找一份推销员的工作，但是由于没有什么经验，也没有什么过人的技能，所以处处碰壁。终于有一家公司给了他一个机会，但是能不能得到这份工作却需要靠自己的能力。公司给他的考验是让他与公司的人进行竞赛，向客户推销各种窗户，他的竞争对手则个个经验老到、巧舌如簧，甚至能说动爱斯基摩人买他们的雪。虽然这个竞赛对他来说并不公平，但是他还是不想放弃，想要尝试一下。

第一天，他看着自己必须要推销出去的双层玻璃窗，虽然压力很大，但还是心生一计，他将自己的目标锁定为富人区。他现在推销这个玻璃窗的公司很大，并且名声也很好，所以有很多的人都对他们的产品感兴趣，于是他想，富人区的人一般都不会跟自己有太多的计较，也比较容易把产品推销出去，在这样的想法驱使下，于是哈利就去了一个富人区。

站在客户门前时，哈利显得特别紧张，他的手脚都在打颤。最终，他还是叩响了门。一位上了年纪的妇女打开了门，他看到那个妇女打开门的时候，就很礼貌地向她鞠了一个躬，并且用有点结巴但是很温和的声音对妇人说："尊贵的夫人，不好意思打扰您了！"听着哈利的话，妇人听他结结巴巴地做完自我介绍后，将他请进了屋。

坐下来以后，哈利用自己很熟练但是有点青涩的技巧推销着自己的产品，但是他的态度一直很谦虚，把自己推销的产品的优点与缺点都说给了自己的客户，哈利总共在那里待了3小时，在喝掉了十几杯茶后，他终于让那位女士在合同上签了字，买下了价值2万美元的窗户。而在此之前，那位女士已经打发走了6位窗户推销员，且他们的开价都比哈利低。这位最没有经验的还在考验期的推销员成功地卖出了标价最高的产品，原因其实很简单，那位女士说："他一直很有礼貌，也很谦虚，所以我很喜欢他。"

哈利凭借自己的谦虚和礼貌在一天之中卖出了三套产品，这个结果让公司的老板跌破了眼镜，因为以前在自己面前信誓旦旦，自信满满的那些有经验的销售员都没有跟哈利一样的业绩。当老板问哈利想不想留在公司的时候，哈利还是以很谦虚的态度说："老板，今天我卖出去产品在很大程度上是一种侥幸，因为销售是一门很深的学问，我现在还没有入门，如果老板肯给我一个机会，那样的话我会很感激，更会好好地学习，好好地表现，为公司带来效益……"听着哈利解说，老板由衷地笑了，因为他在这个小伙子身上看到了谦虚以及好学，看到了适合销售工作的各种各样的优点。

哈利用自己的谦虚叩开了自己职场的大门，也给自己以后的职场之路指明了方向。所以在职场中不管我们的身份地位如何，不管我们有没有拥有过人的技巧，我们都要学会谦虚，用谦虚去对待自己的工作，对待身边的人，这样我们才能完善我们的人格，才能让上司以及同事更赏识我们。

当然在职场中和谦虚相对的是骄傲。我们都知道骄傲是一种不良的心理状态，不管是谁都可能有过骄傲的心理。在我们获得一些成就的时候，我们的心里就会有一粒叫做优越感的种子生了根，并且随着我们取得的成就以及生活的状况不断地生长，直至它变得足够大的时候，它就成了骄傲，横在我们的心间，常常夸大自己的优点，看不到自己身上的问题，而把别人看得一无是处，也从此听不进别人的善意批评，总是处于盲目的优越感之中，逐渐放松对自己的要求，最后让失败找上自己。其实看看我们的生活中，或者职场中，我们会发现这种全身充满着优越感，并且将优越感变成骄傲的人比比皆是，这种因为自以为是，而耽误自己前程的人也是不少。

其实人生无需那么的骄傲，我们也不可随时都摆出一副高高在上的样子，更不要总是自以为是。如果想要在这个社会上生存下去，并且能够有一点成就，那么我们就要学会谦虚，学会用谦虚为自己铺路，学会用谦虚去叩开自己职场的大门，用谦虚去迎接自己生命中的辉煌。

❤ 心 灵 寄 语

谦虚是一种态度，也是一种修养，更是一种职场生存的手段。如果我们想要让自己在职场这条路上走得不是那么艰难，走得不是那么沉重，那么我们就要懂得谦虚，懂得用谦虚去给自己的职场生活减去负担，给自己的人生增加砝码。

5. 持之以恒，梦想就在眼前

谁说癞蛤蟆吃不到天鹅肉？这个世间的事情有时候并不是我们可望不可及的，因为很多时候只要我们肯努力，只要我们能够朝着自己的方向不断地奋斗，那么即使我们是不起眼的癞蛤蟆，即使我们得不到别人的认同，我们也能实现自己的愿望。

当有的人有了一个颇为惊人的想法或者是举动的时候；当有的人向一些权威或者是难以超越的东西发起挑战的时候；当有的人在追求一些伟大的看似遥不可及的梦想的时候，总是有这么一些人，他们会用嘲弄的眼神，会用轻蔑的语气说那些人是"癞蛤蟆想吃天鹅肉"，那些人是异想天开，是把握不住自己，可是事实真的是这样吗？

我们都知道，"癞蛤蟆想吃天鹅肉"这句话是讥讽那些自不量力、不识时务并且不知天高地厚的人。懂得一点常识的人都知道，天鹅是在天上，癞蛤蟆只能是在地上，即使癞蛤蟆很幸运地遇到了天鹅，可能也不是天鹅的对手，这样怎么会吃到天鹅肉呢？可是我们也知道，有一句话是这样说的：这个世界上只有想不到的，没有做不到的，只要我们想得到，那么就一定做得到。如果癞蛤蟆真的将天鹅肉当做自己一生的奋斗目标，那么癞蛤蟆也有可能吃到天鹅肉，也可能达成自己的备斗目标。

有这样的一个故事：有一只癫蛤蟆，对于人类对自己以及自己族群的关于"癫蛤蟆想吃天鹅肉"这样的论断很是有想法，一日，它终于暗下决心，要改变这样的局面，为自己的千古历史之名来个平反。

在这样的想法的驱使下，这只癫蛤蟆于是拜访天下奇士高人，历经千山万水，千难万险终于拜在一位千载难逢的高人门下学艺。也不知道多少个春夏秋冬，它日夜苦苦地参道悟性，吸日月之精华收天地之灵气。当然修行的路是漫长的，艰苦的，追求梦想的路途更是遥远而艰难，但是它想只要是自己下定决心去做，就没有不可能的事，它一定要坚持住，不经历风雨怎能见彩虹。在这样的意念的坚持下，终于功夫不负有心人，千百年后它终于大功告成，得道成仙摇身一变脱去那层皮变成一位风度翩翩英俊潇洒的王子，经历了一场浪漫的爱情，并且找到了一位貌若天仙的美女相伴一生。

那只癫蛤蟆不只实现了自己的愿望，吃到了天鹅肉，还演绎了一段精彩的爱情故事。可能我们会说这只是一个童话故事，根本不值得我们去相信，因为在我们的人生中很多事情没有我们想象的那么美好，也不是我们想怎样就可以怎样的。但是我们在想这些的时候可能忘记了信念的力量是伟大的这个事实，我们也可能忘记了只要坚持，只要一直努力一切皆有可能这条真理。

人的一生，总有一些愿望，也总有一些自己的梦想，可能有些愿望有些梦想是我们遥不可及的，也是我们很难实现的。但是心里有了梦想，有了愿望而不去追求，不去实现，可能就会造成我们心理的负担，也会给我们的心灵增加压力，当然也可能造成我们一生的遗憾。所以，对于有些梦想，对于有些愿望，不管多么的难以实现，不管在追求的路途中遭到多少人的打击，只要我们敢于坚持，只要我们能够坚持，那么就有可能实现，就像是那只想要吃天鹅肉的癫蛤蟆，最后还是为自己的千古历史之名平了反。

有姐弟两人，是一对龙凤双胞胎。弟弟十分聪明，也特别乖巧。姐姐的脑子似乎比较笨，性格也有点儿犟，再加上重男轻女的思想作怪，父母对弟弟就特别偏爱，而对姐姐就不怎么赏识，甚至经常指责她。姐姐虽然脑子有些笨，但是在文艺方面却很有些才华，尤其是她的朗诵水平很高，普通话说得也很好，要是闭上眼睛听，还真像电台的播音员。可是在父母看来，这些都是微不足道的雕虫小技，不能登大雅之堂。

高中毕业时，父母估计姐姐根本考不上大学，于是就让她报一个本地的专科院校。没想到她非要报北京广播学院不可，她的这一选择连学校的老师都感到很吃惊。母亲在征求班主任的意见时，班主任认为她最好报当地的音乐学院。可是她偏不听，始终坚持自己的意见。母亲见说服不了她，就当着班主任的面指责她说："你是癞蛤蟆想吃天鹅肉！"

谁也没有想到，她最后竟真的被北京广播学院录取了。是瞎猫碰到了死耗子吗？当然不是。原来，她一上高中，就把北京广播学院作为自己的主攻方向，除了在功课上百倍地努力外，还通过各种渠道把北京广播学院面试的方式、方法，考题的范围和类型都了解得十分清楚，并做了充分的准备。每天晚上，她都要到教导处借来当天的报纸，然后朗读社论或评论，直到12点钟才回宿舍睡觉。她的这一切都是秘密进行的，她怕万一落了空被别人笑话，等她认为准备得万无一失的时候，她才做出了自己的选择。

这个被称为"癞蛤蟆"的姐姐通过自己的努力终于吃到了"天鹅肉"，当然也让那些一度轻视她的人跌破了眼镜。这个世界上只有想不到的事情，没有做不到的事，只要我们能够坚定自己的方向，能够朝着自己设定的目标不断地进行努力，不断地前行，那么我们就有可能实现自己的愿望。

癞蛤蟆也可以吃到天鹅肉，也能够实现自己的理想。所以在我们的人生中，只要我们有目标，只要我们有想法，那么不管遭到怎样的质疑，不管遇到怎样的阻难，只要我们能够坚持下去，那么我们就一定可以实现自己的愿望，可以为我们的心灵减去一些负担，为自己的人生消除一些遗憾。

心 灵 寄 语

有人说，在布满荆棘的道路上，唯有信念和忍耐才能开辟出康庄大道。所以在我们的人生中只要我们有想法、有梦想，并且能够为自己的梦想坚持，为自己的想法奋斗，那么癞蛤蟆也可以吃到天鹅肉，并且我们的理想都会有实现的可能。

6. 职场内耗会让我们的路越走越窄

外面的世界太大，有时候我们把握不住心的收敛尺度，在职场中，更是如此。职场有太多的陷阱，也有太多的勾心斗角，我们的心也时刻承受着巨大的压力，但是职场也讲求规矩，如果我们为了利益也去勾心斗角，那么我们的路可能会越走越窄，我们的负担也会越来越重。

在工作中，我们总觉得自己压力过大，有时候总说让自己放松一点，可是对于很多事情却是无能为力。

我们的心原本承载的不多，我们的心原本也没有那么的沉重。可是在人生这条路上，我们给自己的心太多的东西，所以才会让自己沉重得无法承受。

有这样一个故事：一个青年去请教一位禅师如何让自己轻松。禅师撕了一小片纸给他，让他举着。刚开始年轻人觉得没什么难的，可到后来，他觉得手又酸又痛，最终竟举不起那片纸来。禅师告诉青年，我们的心也像手一样，再小的东西，如果在里面放久了，它也承受不了。当我们给心一点点东西时，它叫心灵，再多给一点，它叫心计，当给它更多时，它就叫心机。我们往往就是给心强加了过多的东西。这样，我们的心还能感受自然，感悟生命吗？

正是因为我们给自己的心强加了太多的东西，才会让自己感受到沉重，才会让自己的心疲惫不堪。我们的职场生涯也是如此，因为我们给自己的心强加了太多，所以才会卷入人事纠纷，让职场这条路越走越复杂，让职场这条路越走越窄。

不论是在我们的生活中还是在我们的职场中，我们都需要一颗平衡的心，都不能让自己的负担太重。在职场我们需要用一种正确的方式去应对那些复杂，需要用合适的方法去应对别人对我们的心机与手段，只要我们的方法合适，那么我们就不会惧怕职场中的那些阴暗面，也不会被它们牵累。

在职场上生存需要我们的智慧，每个人都有自己的想法与行为，我们想要在职场上发光发热，但是又不想参与到别人的勾心斗角之中，那么除了让自己具备才能之外，我们还要拥有那些性格情商社交等许多看不见的能力，我们需要用一些技巧去应对职场中的勾心斗角，以便让自己的心灵不被其所累，让自己的职场之路越走越顺利。

1. 广结善缘，切莫结怨

在职场中有太多的事情让我们无奈，所以想要在职场上轻松前行，那么我们就不如放下所有的不屑和无奈，投身其中，享受职场上的那些生活，让自己有合适的待人接物的态度，让自己在做事的时候懂得拿捏分寸，可是常言说：害人之心不可有、防人之心不可无，所以在职场上我们要懂得广交朋友，切莫与别人结怨。

2. 不搞小团体

在职场有时候我们如果盲目地去搞小团体，那么我们就可能会一不小心踩到职场的雷区，会犯了职场的大忌，所以在职场中可以让自己轻松前行的方法就是努力跟每一位同事都保持良好的关系，不要给自己贴上派系的标签，让自己受累。

3. 防止祸从口出，散播流言

在职场上散播流言，谈论别人的私事是一件对自己很不利的事情，也可能会成为别人手中的把柄，把自己推入危险的境地。所以不管在何时，我们都应该紧封自己的嘴巴，防止祸从口出。

4. 勇于承担，但不背黑锅

在职场上很多时候我们都要承担一些责任，虽然看到在自己的身边有的人练就了一身的好推手，也总能把自己的工作以及责任推得一干二净，但是我们也不可以表现出来，应该好好与同事相处。可这并不意味着我们要为有些事情背黑锅，成为职场上的"小可怜"。我们要勇于承担属于自己的那份责任，但是也要避免背黑锅，让自己受委屈。

5. 要有高表现，低姿态

在职场上我们想要出人头地，又不想被别人"扼杀"在半路，不想跟别人勾心斗角，想活得轻松，那么我们就要以一个较低的姿态去应对职场的一切，但是姿态低并不代表我们的表现就可以低。我们要用低姿态高表现去实现自己的理想，去成就自己的人生。

我们要学会职场的生存智慧，让自己在不去跟别人勾心斗角的同时能够有所收获，能够实现自己的理想。

职场原本就是风云变幻的，我们想要安然度日，想要让自己的工作不再是负担，我们就要学会职场的生存智慧，让自己用另一种方式去应对那些勾心斗角，去给自己的心灵减压。

7. 摈弃虚假，让诚信为我们开路

职场容不得虚假，只有诚信才会为我们开路。有了诚信我们就减去了戒备，减去了冷漠以及狡诈，给自己的成功加了信任、友爱以及真诚，这样我们就不会在职场这条路上走得过于辛苦，也不会让自己的心灵受累。

诚信一直以来都是我们颂扬的对象。我们都知道，一个企业想要在社会上立足，那么它就需要用诚信作为它发展的基石，只有拥有了诚信，那么它才可能拥有市场，才有可能继续发展下去。当然对于个人也是如此，一个人只有拥有了诚信才有可能得到别人的肯定与信任，才有可能有自己的伙伴，有自己美好的前途。可是在当今这个物欲膨胀的年代，在当今这个诚信已经出现危机的社会，似乎人与人之间的关系不再那么简单，人与人之间也只是靠着经济利益维持着脆弱微妙的关系。

可能在我们的眼里，有了诚信就是给我们的人生加了一点重量，因为诚信有时候是一个让人难以承受的东西，有时候为了诚信我们要付出自己的利益，有时候为了诚信我们要背负一些重担。但是我们要知道其实付出诚信是一道人生必备的减法而不是加法，付出了诚信，我们就减去了戒备，减去了狡诈，减去了冷漠，同时给我们的人生增加了一些美好的东西，例如信任、友爱、真诚等。

职场需要我们的诚信，有了诚信我们才能在这条路上走得更远，才会走得更为通畅，如果我们用虚假去代替诚信，那么我们得到的永远会比失去的多，并且我们还有可能会在职场这条路上寸步难行。

他算得上是一个幸运的人。在他成年之际，他有父亲留下的大公司，婚姻也是一帆风顺，他理所当然地娶了父母打小就为他订下的妻子，当然这个妻子知书达理，温柔贤惠。在父母死之前他虽然有时候喜欢玩，但也知道节制，在父母死后，继承了产业的他有了一定的地位名声。但是，这一切都不长久，因为没过多久在他的人生中不论是感情还是事业都处处报警。因为他是一个不讲信誉的人，所以他在一个很短的时间内就失去了自己曾经拥有的一切。

失去这一切的起因很简单，仅仅是因为他喜欢贪小便宜。有一次他许诺给一家大公司送货，这个公司是他一直合作的对象，但是在这时恰好也有一家公司需要他公司的供货，并且许诺给他几万块钱的回馈。面对几万块钱的诱惑他动摇了，把原本要给那个大公司的货给了后面的那家公司。可是他万万没有想到自己这样的做法会给自己的公司带来祸害，他也不知道仅仅是为了几万块钱，他就失去了信誉，让之前一直和公司合作的几家大企业也都相继撤销了和他的合作关系。以致在生意圈内没有了地位。

关于婚姻，本来是一个很美好的家庭，他拥有贤惠的妻子，有着聪慧懂事的女儿，他也答应妻子会一直对她好，但是由于禁不住诱惑却包养了小三。妻子在知道后，毫不犹豫地带着女儿和他离了婚。就这样他因为背弃了誓言，所以一下子失去了家庭。在公司同样地由于他不讲信誉，所以手底下的员工对他也不是那么忠诚。终于有一天，公司的股东和财务主任联手，将他的公司掏空，然后走了。他变得一无所有，小三嫌弃他没钱，早就离开了。他一个人坐在空荡荡的办公室里，然后放火焚烧了一切。

直到火烧到他身上的时候，他才明白，自己的厄运就是在他为了几万元将本该送往大公司的货送给其他公司之后开始的。原来，自己走到今天这一步，完全是因为不讲信誉。在大火中，他放声大哭……

故事里的人因为自己的诚信问题，失去了曾经拥有的一切。从他不讲诚信的那一刻起，也就注定了他此后的失败。所以诚信不管是对于一个企业，还是对于一个人来讲，都是非常重要的，只有讲诚信，我们才能得到别人的信任，才能得到别人的肯定，然后才会有一片自己的天地。

1950年，李嘉诚自己创业开厂后的一天上午，有个他在万和塑胶公司的老客户找到他，要进他的货，李嘉诚当然希望仓库里积压的产品能够马上卖出去。可是他记得离开万和塑胶公司前曾向王东山保证过："我绝不会抢贵公司的客户，我的产品必须要靠重新开发的新销售渠道来进行销售。"李嘉诚不想因为蝇头小利而破坏了自己的信誉。

他委婉谢绝了前来订货的老客户："谢谢老朋友对我的信任，可是，我劝您还是要到万和塑胶公司去进货。我们之间仍然可以做朋友，您千万不能放弃老客户转而到我这里进货。而且我可以告诉您，我的长江厂毕竟是刚刚试生产，产品质量肯定无法和已有多年生产经验的万和公司相比，所以，今天我不能把我的货卖给您，请老朋友谅解吧！"

"李先生，没想到你这么精明的人，竟然这么犯傻呢？"这位老客户没想到李嘉诚会把主动来求购的自己拒之门外。可他很想帮李嘉诚一把，就说："虽然我们从前是万和公司的老客户，可是我们也有权利重新选择新客户呀。再说，你是我的老朋友，我为什么就不能从你的厂子进货呢？"

对方的真诚感动了李嘉诚，可他还是说："您的好意我当然心领，可是我真的不能把我厂里的货交给您。刚才我已经说过，除了信誉之外，我们是个新厂，您也知道新厂的产品肯定存在这样那样的不足，所以，您还是尽快去万和公司进货。作为我的朋友，请您一定尊重我的意见，我不能把产品卖给您。"

李嘉诚是一个如此守信的人，也就注定了他以后的成功。你给别人什么，别人也会给你什么，虽然这句话并不是百分之百的应验，但毕竟也有一定的道理。在职场上只有当我们为别人付出诚信的时候，才有可能得到别人给我们肯定与支持。

所以，要想在职场这条路上顺利前行，那么我们就一定要摈弃虚假，用诚信给我们开路，用诚信去武装自己，用诚信去迎接一切挑战，相信在诚信的帮助下，我们才能让自己的路越走越宽，我们的心灵也不会有太多的牵累。

心 灵 寄 语

诚信不仅可以给我们带来声誉，还可以带来双重的利益：灵魂的效益和经济的效益。诚信是一种灵魂资源，当我们付出诚信的时候，我们收获的将不仅仅是诚信，还会拥有更多，职场需要我们的诚信，成功也需要诚信的辅助。

8. 在别人都放弃的时候，记得再试一次

人生需要不断地尝试，才能找到制高点，才会没有太多的遗憾。在职场也应该如此，在别人都放弃的时候，我们要记得再去试一下，因为可能这次的尝试就会是成功，这次的尝试也会给我们的人生带来意想不到的变化。

俗话说，常常是最后一把钥匙打开了门。在我们的人生中的确如此，当我们鼓足勇气，满怀希望做一件事情的时候，总是有这样的阻碍，那样的坎坷让我们失望，也总有这样的理由，那样的现实让我们不得不放弃，所以，很多时候我们总是碌碌无为，总是花了时间花了精力却没有得到自己想要的结果。这是为什么呢？其实原因很简单，有时候并不是那件事真的完全做不到，只是我们在付出的过程中被自己打倒了，没有坚持下去，没有进行最后一次的尝试，所以才会找不到那把可以打开门的钥匙。

所以，不管我们的生命遭遇什么，不管在我们追求的旅途中有多少的坎坷，我们都要记得，在要放弃的时候记得再去尝试一次，可能这次的尝试就是我们获得成功的一次机遇。

有一个年轻人去微软公司应聘，当时公司的人很疑惑，因为该公司并没有刊登过招聘广告。这个年轻人见总经理疑惑不解，所以就用不太娴熟的英语解释说自己是碰巧路过这里，因为很感兴趣，所以就贸然进来了。总经理感觉很新鲜，于是决定破例让他一试。总经理觉得这个年轻人应该很棒，因为他有常人没有的勇气，但是令他感觉到遗憾的是面试的结果出人意料，因为年轻人的表现糟糕，最后他对总经理的解释是事先没有准备。看着这个年轻人的面孔，总经理觉得他应该是找个托词下台阶，于是就随口应道：等你准备好了再来试吧。总经理觉得这件事就这样结束了，但是他却不知道他那样的一句话就给了年轻人机会。

一周后，年轻人再次走进微软公司的大门，当时总经理很惊讶，也很欣赏地进行面试的时候，他仍旧没有给总经理满意的答案，也就是说这次他依然没有成功。但比起第一次，他的表现要好得多，而总经理给他的回答仍然同上次一样：等你准备好了再来试。

就这样，这个青年先后5次踏进微软公司的大门，最终被公司录用，成为公司的重点培养对象。

"等你准备好了再来试。"可能这是总经理对他的一种变相的拒绝，但是在他的眼中这却是机会，说明他还有希望，所以才会不断地去准备，在失败的时候不断地去尝试，最后终于走向了成功。故事中的男子，用他的坚持与不放弃谱写了自己成功的乐曲，用他的执著以及五次的坚持最终敲开了微软公司的大门。有些公司的门槛虽高，有些事情虽然很难做到，但是只要我们能够去坚持，能够去尝试，那么这个世界上就没有不可能的事，这个世界上也就没有不可能完成的任务，没有达不到的目标。

在美国，曾经有一位年轻人，穷困潦倒，然而就在他身上全部的钱加起来都不够买一件像样西服的时候，他仍执著地坚持着心中的梦想：做演员，拍电影，当明星。

当时，好莱坞有500家电影公司，他根据自己划定的路线与排列好的名单顺序，带着自己写好的、量身定做的剧本前去一一拜访。但第一遍下来，所有的500家电影公司没有一家愿意聘用他。

面对百分之百的拒绝，这位年轻人没有灰心，从最后一家被拒绝的电影公司出来之后，他又回头从第一家开始，继续他的第二轮拜访与自我推荐。在第二轮拜访中，他仍然遭到了500次拒绝。

第三轮的拜访结果仍与第二轮相同。这位年轻人咬牙开始他的第四次行动。当他拜访完第349家后，第350家电影公司的老板破天荒答应让他留下剧本先看一看。

几天后，年轻人获得通知，请他前去详细商谈。就在这次商谈中，这家公司决定投资开拍这部电影，并请这位年轻人担任男主角。这部电影名叫《洛奇》。这位年轻人叫席维斯·史泰龙。

史泰龙用自己的不断坚持与不断尝试谱写了他以后的成功之路，也给自己的梦想真正地插上了翅膀，让它自由地翱翔。没有尝试哪里会有成功，没有坚持哪里会看到曲径通幽的景致。可能在职场中我们会遇到很多的困难，会遇到很多的麻烦，也会碰到很多的挫折，可能我们沮丧过、颓废过，可是在沮丧与颓废过后我们不要忘了再去尝试一下，再去坚持一次，因为有可能这次的尝试与坚持就是我们走向成功的一次机遇，也是我们改变自己命运的一次机会。

命运给予我们多少的磨难与考验其实并不可怕，可怕的是我们没有一颗坚持的心，可怕的是我们放弃了自己。失望、害怕、退缩这些都是我们自己的心理反应，也是我们给自己的心灵施加的压力，如果在职场上我们总是让这些心理占据着我们的内心，总是让这些想法摆布着我们的人生，那么职场注定就是我们的噩梦，也注定会将我们的灵魂摧残，会让我们的人生负重。

所以，不管在我们的生命旅途中遇到什么，不管在职场中我们遭遇了怎样的压力与困难，我们都不要忘记去坚持去尝试。给自己一次机会，给自己的成功一次机会，给自己一点希望，给自己的成功一些希望，可能在这些尝试与希望下真的会实现自己的理想，会完成自己的任务，会将不可能变为可能，会到达成功的彼岸。

给自己的人生多一次机会，给自己多一次尝试，就是给自己的生活做减法，就是给自己的心灵减去一些遗憾，减去一些失望，减去一些错过的可能，这样也会给自己的灵魂少去一些负担，给自己的成功增加一些砝码。

心 灵 寄 语

旅途上，可能沼泽遍布，也可能荆棘丛生，可是我们要知道一条路上不可能永远都是一样的风景，总有那么一段路是与众不同的，也总有那么一段路会让我们充满希望，只要我们度过了艰难，走过了沼泽与荆棘，只要我们坚持下去了，那么迎接我们的必然是柳暗花明。

第三章　职场切忌存心魔，笑谈成败智者心

　　有成功就有失败，有付出就有收获。职场是一片未知的宇宙，需要我们的探索。可能在探索的过程中我们会孤独，会失败，会失望，会遭遇困难，会碰到挫折，可能会满载而归，也可能会一无所获。但这都不重要，重要的是这条路我们走过，这次的探索我们认真地去完成。职场切忌存心魔，笑谈成败智者心，让我们用坦然以及冷静去面对职场中发生的一切事情，让我们用淡定与豁达去诠释人生真正的舞台。

1. 一个人的表演也可以很精彩

　　很多时候我们似乎都想着给别人表演，想要得到别人肯定的掌声；很多时候我们也似乎害怕着孤独，想要有人陪同我们去完成一些任务。但是我们要知道，并不是有人陪同的表演就一定华丽，并不是一个人的表演就不精彩，只要我们有心，那么一切都不会拘于形式。

人生的舞台很阔大，我们身边也有形形色色的人跟着我们一起站在舞台上表演。可能人生告诉我们一定要优秀，舞台告诉我们必须要让聚光灯积聚在自己的身上，这样别人才能看到我们的表演，这样我们的人生才会精彩。所以为了能够成为舞台上的焦点，为了能够得到别人的赞赏，我们不遗余力，我们历经艰苦，我们承受种种负担，让自己身心疲惫。其实我们要知道，舞台再怎么豪华，表演再怎么精彩，都只是别人的想法跟看法，如果我们自己不觉得精彩，不觉得痛快，只觉得疲惫，那么也是不完美的；相反的如果舞台不是很阔大，也没有人欣赏我们的表演，只要我们觉得精彩，觉得快乐，那么也是完美，也是精彩的人生。

人生并不需要拘泥于某些形式，人生也没有必要太在乎别人的看法，只要我们活得自在，能够让自己享受到幸福，能够看到自己的成功，能够得到自己的肯定，那么就算是一个人的表演也是精彩的。

小青是一个敏感的孩子，从小到大，她都希望得到父亲的赞扬，但是令她苦恼的是她的父亲并没有给过她任何的称赞，在她的记忆里，父亲总是用一句话来打击她，说她学习差，头脑不如弟弟妹妹聪明。

这一切都让她不得不去承认，因为事实的确如此，在学习方面她真的是很一般，最好的时候也是在班里当学习委员，而且这也没有对她的父亲讲起过。小青还记得上初中的时候，她拿了奖状，回家后并不是把它拿给自己的父母看，而是把它藏在抽屉里面，因为她没有考上好的中学，纵使在现在的中学拿了奖，她觉得自己还是没有离开一个差字。但是妹妹听说了，她就告诉爸爸说，姐姐今天得奖了。可是爸爸听后，却说："怎么可能，你姐她会得奖？"这一句话的回答都在小青的预料之中，她不敢在爸爸面前说自己一句好话，因为她知道在父亲看来，自己永远都不如弟弟妹妹，也不会对自己抱有任何的希望。

每逢这时，小青都会很难过，但后来慢慢地也就想通了，她觉得父亲越是说她不行，她就越要证明给自己的父亲看，因为她相信自己总有一天会离开那个差字。当然每次父亲的那些不信任的话也就成了她的动力源泉。但是很多事情虽然下决心的时候很容易，但是做起来却很难，有时候的打击太多也会想到退缩，在追求成功的这条路上她一直独自奋斗，独自表演，在奋斗的过程中她慢慢地看到了自己的发光点，也看到了自己的优秀之处，也慢慢地拥有了成功，在父亲还是那样否定自己的时候也知道了释然。她明白自己发不发出光芒并不重要，重要的是自己能不能肯定自己，自己能不能不在乎别人打击的话语与目光，只要自己不在乎，释然了，一个人也能表演得很精彩。

小青从小到大都得不到自己父亲的赞扬，也得不到他的肯定。开始的时候她也苦恼过，也痛苦过，但是随着时间的推移，随着自己阅历的增长，她看清了一切，也慢慢地得以释然，释放了自己的心灵，让自己的心灵少去了很多的负担。她的舞台上只有自己一个人，在她的舞台下也没有任何的观众，但是她依然在舞台上表演得精彩，依然让自己的人生获得了圆满。

可能在我们的人生路上也会遇到跟小青一样的境况，在我们的工作中也总是得不到别人的赞赏，可能我们会沮丧、会伤心、会失落，但是我们要知道一个人不管做什么其实都是为了生活的更好，是为了让自己的心灵得到满足。我们可以不在乎别人的想法，也可以不去在乎别人的赞赏与批评，只有我们不去在乎了，那么我们才不会被别人的言论所左右，我们也才不会让自己的心理有负担。

舞台本来就有大有小，观众也本来就有多有少，如果我们的舞台不够阔大，如果我们的舞台下面没有观众，也没有人欣赏，如果我们的舞台一点也不奢华，也没有掌声。即使这样我们也不要灰心，也不要难过，更不要失望、沮丧，因为人生不应该拘于那么多的形式，人生也没有那么多的计较，没有掌声的舞台只要自己尽力表演也会精彩，没有观众的舞台只要我们能够肯定自己，能够坚持自己的选择，那么我们的舞台也会完美。

不要再去哀叹自己的命运，也不要再去责骂自己的人生，更不要再去因为自己工作上的不被认可而满心苦恼。我们的命运应该掌握在我们自己的手中，我们的欢快与否也应该由自己决定，当然舞台上如果只剩下我们自己表演，那么我们也应该让自己感觉到精彩，去肯定自己的成功。

心灵寄语

一个人的表演也可以很精彩，只要我们用心去完成自己的表演，只要我们用坚持以及努力去为自己的理想奋斗，那么不管路途如何的艰难，不管我们会经历怎样的挫折与磨难，相信我们的人生都会取得圆满，都会很精彩。

2. 雁过不一定要留声

雁过不一定要留声，人过也不一定要留名。生命本来就是一个过程，成功与失败都是暂时的，只要我们努力过、奋斗过、快乐过，那么我们的生命就是精彩的，我们的人生也是有意义的，我们也不会为那些结果耿耿于怀，更不会因为那些结果牵累自己的心灵。

俗话说：雁过留声，人过留名。大雁只有在有了鸣叫的情况下才能证明它在天空中飞过，才能说明天空中有它自己的足迹，而人也是这样认为。从古至今，多少人为了能够证明自己在这个世界上存在过而不懈努力，为了青史留名而不断地去坚持，可是他们往往都是为了追求那个结果，都是为了给他们的人生留下一些印记，都是为了实现自己的人生价值。可是我们仔细一想，大雁有没有飞过天空，与它的鸣叫真的有关系吗？有些大雁还不是在飞过的时候没有留下声音，但是谁又能否定它已经飞过的事实？我们人类也是一样，有没有在尘世走一遭真的会跟我们有没有留下名有关系吗？难道我们没有留下一些痕迹就说明我们从没有来过这个尘世？难道我们没有留下任何的痕迹就说明我们的人生真的没有意义，我们就真的没有做出过一点点的奉献？

其实事实并不是这样的，大雁有没有飞过天空，一个人有没有来过尘世，有没有付出自己的努力，有没有给社会作出贡献是不能用他们有没有留下痕迹来衡量的。因为有很多的事情我们无法去衡量，很多的人我们也无法去读懂，有的人喜欢高调的生活，但是有的人却喜欢低调的奉献。并且在我们的社会中只要我们用心去发现，就会看到那些默默奉献的人们，他们用自己的一举一动诠释着自己的人生，他们的奉献没有被名利所牵累，他们的心灵也没有因为名利蒙上灰尘，给自己造成负担。

欧南成、欧建成堂兄弟是平和县小溪镇的普通渔民，除了打渔外，他们还有另外一项鲜为人知的"职业"——救人。

在2006年5月17日，平和县遭受强台风袭击，小溪镇下坂农场、坑里村化为一片汪洋，两地80多名村民被洪水围困。18日3时，欧南成、欧建成哥俩接到群众求助电话，立即冒雨划着竹排前去救人。当时的场面特别的惊险，整个下坂农场都成了孤岛，并且当时天又黑,风雨又大,到处都是哭声与喊叫声,竹排一旦打翻,那么水性再好的人也难以逃命,欧南成兄弟两个就是冒着这样的生命危险去救人的。

"可见死不救是罪过啊,再危险也顾不上了。"这是堂兄弟两个人在救人过后所说的话。当初堂兄弟俩轮流将老人、小孩背到竹排上,接着堂弟撑竹排,堂哥跳下水以手脚当桨,两人跟跟跄跄地将竹排转移到800米外的安全地带。

正当兄弟俩加紧"运"人时,意外出现了:60多岁的周伯放不下家里的牲口,执意不肯走,"再等下去,可要出人命啊!"两人来了牛脾气,猛然架起周伯,把他"摁"到竹排上,然后拼命往安全高地划。刚走30米左右,背后传来一声巨响,周伯家的土坯房轰然倒塌,老人回头一看,当时就握着兄弟俩的手流下泪来。

经过9个多小时的努力,兄弟俩共救起83名遇险村民,看到大家都安全了,兄弟俩抹干脸上的泥水,一句话没说就回家了。直到过后登门感谢的人不断,邻居们才知道:兄弟俩又一次当了英雄!

其实,小溪镇上的人对兄弟俩成为"英雄"并不意外。十几年来,哪里发生洪灾和海难,两人始终冲在前面,前前后后救起280多人。

"人哪有不怕死的哩,可你听见叫喊,听见哭声,看见人在水里扑腾,怎能忍心不管呢,那样太不仁义了!"欧南成没上过几天学,说起救人的道理,一字一句咬得嘣响。

欧南成堂兄弟两个只是普通的渔民,也没有什么响当当的名号,他们也没有想着出人头地,也没有想着名留青史。他们想到的是人们的生命,是热心的帮忙,在他们的生命里没有名利的牵绊,只有生命的珍贵。他们活得自在,他们的人生也充满着不同寻常的意义,他们就是那两只飞过了天空,但是没有留下鸣叫的大雁,但是我们能够否定他们飞过天空的事实吗？

在这个世界上很多事情都不用弄得那么明白，很多的道理也不用讲的那么清楚，一个人有伟大作为也没有必要去刻意地为自己邀功颂德，如果太过刻意，那么就显得有点名不副实，就显得有点过于功利，那么紧接在他身后的可能就是名利的牵累，就是没有穷尽的苦恼与负担。

我们在职场也应该懂得雁过不一定要留声，人过不一定要留名这个道理。只有懂得了这个道理，我们才不会被那些想要达到的结果迷惑眼睛，才不会因为那些内心中的渴望而做出一些事情，才不会因为自己那源源不断的欲望而备受折磨。雁过不一定要留声，在职场上我们只有懂得了这个道理，那么才不会被职场上的一些事情所累，我们的灵魂才有可能会在纷繁复杂中获得一丝清明。

❤ 灵 寄 语

名利只是牵累，在人生中我们要懂得雁过不一定要留声，人过不一定就要留名这个道理，只有我们懂得了这个道理，并且将其应用到自己的人生中，我们才可能会让自己的心灵获得真正的轻松。

3. 站在舞台下的并不一定是失败者

舞台上总是熠熠生辉，舞台下总是一片暗淡。可是站在舞台上的并不一定就是成功者，站在舞台下的也并不一定就是失败者。在我们的职场中，有太多的变数，也有太多不确定的因素，所以不要只在乎一时的得失，也不要为一时的得失让我们的心灵负重。

成功,不一定要站在舞台上,给所有的人表演、昭示;失败,也不一定要藏匿起来,畏惧灯光的刺眼。人生有很多的变数,也有很多的未知,不到最后一刻,我们谁也不知道真正的答案。可能我们曾羡慕那些站在人生舞台上的人,总觉得他们光环围绕,他们的人生总是熠熠生辉;可能我们也曾埋怨自己的弱小,埋怨自己是一只只能躲在湖边偷看天鹅跳舞的丑小鸭,永远也变不成美丽的白天鹅,永远也不会登上真正成功的舞台。如果我们这样想,那就错了,因为成功有太多的变数,人生有太多的惊奇,不一定站在舞台上的才是成功者,不一定有了光环环绕的就是胜利者,或许躲在舞台下辛勤工作的我们,也会成为命运眷顾的幸运儿。

　　有一个普通的女孩她也想过成功,想要实现自己的梦想,不过她的梦想是站在舞台上唱歌。然而,这个女孩子并不漂亮,也没有任何的资历与背景,但这并不妨碍她追求自己梦想的脚步,她还是每天都为自己的梦想努力着。

　　但是有一天,她的梦想受到了打击。在一位著名音乐人的制作室里,一盆冷水向她泼了过来:“你的嗓音和你的相貌同样不漂亮,我看你很难在歌坛有所发展。”听了这话以后,女孩虽然很难过,但是女孩并没有选择离开,反而是默默地留了下来。梦想那么远,成功那么远,她能做的只能是把握好现在。她端茶、倒水、制作演出时间表、替歌手拿演出服装……就这样默默地站在舞台下,默默地朝着自己的梦想努力。当别人问她为什么依旧待在那里的时候,她郑重地说:“不为什么,这里是离我的梦想最近的地方。”

　　终于有一天,她微笑着站在了自己的舞台上,用并不惊艳但十分温暖的嗓音感动了所有在场的人。她就是刘若英。在成为歌手刘若英之前,她忍受着巨大的寂寞和无助,但她从来都没有放弃自己的梦想。

刘若英用自己的执着与努力给我们谱写了一首关于实现梦想的歌。她曾经一直站在那个舞台下,一直看着那些成功的歌者在舞台上尽情地接受鲜花与赞扬,接收成功给他们的奖赏。但是舞台下的她却只有痛苦与寂寞的陪伴,可这都不是能够阻止她追逐自己梦想脚步的理由,她深刻地明白,这一刻站在舞台下的不一定就是失败者,只要她不放弃,那么总有一天她也会站上自己人生成功的舞台。

在我们追逐梦想的时候,谁没有站在舞台下用羡慕的目光仰视着那些成功的人;在我们追逐梦想的旅程中,谁没有遭遇过困难,谁没有遭遇过打击和挫折,谁没有被别人轻看过,谁的灵魂没有经历过孤寂与哀伤?成功之前,我们总是一个人在舞台下静静地关注着这个世界上的成功,静静地羡慕着那些围绕在别人身边的光环;成功之前,我们总是一个人踽踽前行,没有鲜花的芳香,没有掌声的鼓励,没有赞美的安慰,甚至得到更多的是嘲讽和打击,并且也没有人会把目光多留在我们身上一刻;成功之前,我们忍受了过多的孤寂与折磨,我们只能在冷清与寂静中前行……但是这些都只是我们在舞台下的一种储蓄,都是我们为了让自己在舞台上绽放光彩的准备,因为有了梦想,有了坚持,站在舞台下的我们并不一定就只是一个失败者。

如果我们还是在舞台下的丑小鸭,如果我们还是被失败缠绕的梦想受了伤的追梦者,如果我们还是不知道自己的成功在哪里的失落者,我们也不要灰心,也不要沮丧,因为只要我们坚持,只要我们努力,那么舞台的光芒就一定能够照射到我们,我们也就一定能在成功的那个舞台上尽情地演绎自己的人生。

❤ 灵 寄 语

人生有太多的变数,职场也总是风云变幻,这一刻我们站在台下,下一刻就不一定我们还是那个台下的没有实现梦想的追梦者。

所以，不管我们的生命中发生了什么，不管我们正在经历着怎样的挫折，只要我们相信自己、相信梦想，那么我们就一定可以站在成功的舞台上。

4. 职场无需太忌讳，对手也可以是朋友

在职场上虽然有很多的竞争，但是未必所有的对手都是敌人，其实职场上无需那么多的忌讳，对手也可以是朋友。对手可以与我们彼此争辉，可以让我们不断地进步，可以让我们在人生的舞台上相互勉励，谱写出一段又一段的传奇。

星与月是朋友，它们同样也是对手，在浩瀚的天空中总是互相争辉，同时又相互陪伴，共同编织夜的梦幻。在我们的职场中，有很多的人可能是我们的对手，起初我们总是把他们当做敌人，但是其实我们不知道，与其说他们是我们的敌人，不如说是我们的朋友。他们让我们时刻都有一种危机感，他们让我们少了很多的自满，少了很多的骄傲，他们让我们不断地去完善自己，让自己去不断地学习不断地进步，他们让我们在竞争中充满勇气与智慧，让我们更加坚强。当然更多时候因为他们，我们也减去了很多由于自己的弱点带来的烦恼，也让自己的生活变得更加的充实，让自己的生命更加的绚烂。

日本北海道深水区盛产一种鳗鱼，这种鱼肉味鲜美，可是生性娇贵，只要离开深水区，一般来不及运到岸上便很快死亡。然而，

有一位老渔民，他捕回来的鳗鱼却总是活蹦乱跳的，因而在市场上可以卖出高于别的渔民好几倍的价格。是什么秘诀让鳗鱼存活呢？原来，渔民的秘诀就是在满舱的鳗鱼中放入几条狗鱼，而狗鱼是鳗鱼的天敌，一进入舱中就与鳗鱼互相追逐，鱼舱内就呈现一派物竞天择的生机景象。这样，鳗鱼直到上岸都是鲜活的。

鳗鱼生性娇贵，本来在一离开深海区，来不及上岸的时候就会死掉，但是在自己的天敌狗鱼的追逐下却能够奇迹般的存活了下来。在鳗鱼与狗鱼的追逐中，无疑是狗鱼这个对手激发了鳗鱼的斗志，让它们能够存活的时间更长。其实这就是对手带给我们的力量，这种力量有时候可以超越生死，激发我们的斗志，可以让我们不断地去挑战自己、战胜自己、超越自己。

对手让我们有了危机感，让我们能够不断地去检讨自己，让我们不断地去提升自己，当然在职场上如果我们真的能够把对手当做朋友来看待，那么我们得到的就不仅仅是激励，还有可能会在对手的帮助下完成我们的目标，共同创造财富，共同赢得胜利。

6年前，伍健贤还是飞利浦照明的亚太区市场部总监。某天，老板把他叫到了办公室，倒了一杯水，然后双手递给他。

"伍健贤，我们打算提拔你，你想不想当总经理。"

"怎么不想，我离开美国的时候，就已经立下志愿要做一名总经理。你能帮我实现愿望？"老板点点头，随即又摇摇头，"不是我帮你实现，而是给你一个机会。澳大利亚地区缺一个总经理，你愿意去吗？"

"好啊，好啊！"像一个得到了糖果的孩子，他差点蹦了起来。

于是，老板马上从抽屉里拿出一份聘书，交给他："去吧，还有新西兰，你可以兼做两个国家的总经理了。"伍健贤接过聘任书，手突然发起抖来：这两个地方的经营状况好像不是很理想啊！

老板忙不迭地说道："伍健贤，你是不是不想去啊！机会多难得呀。虽然澳大利亚已经亏了15年，但是你去的话，即使再亏，也亏不到哪里去。"伍健贤哈哈大笑，心里想：那我就去那边感受一下日光浴和海滩吧。到了风光旖旎的澳大利亚，伍健贤却笑不出来了。那边公司的情况真的很不妙，公司的账面亏损严重。他发现，并不是公司产品质量和价格的问题，而是销售的渠道压根就没有铺开。"我们几乎没有能力将我们的产品放到每一个居民小区。当地的住宅极其分散，如果不能全部撒网，是不可能赚钱的。"

伍健贤想出了一个主意，把当时的竞争伙伴邀请到公司来。"我们要跟他们一起来做市场，把我们的货物放在他们的渠道上。分销网络、物流系统等都由竞争者来搞，我们则完善自己的品牌建设。"

一开始，所有人都认为伍健贤是一个大傻瓜。大家说，这不是等于公开自己公司的所有秘密了吗，连竞争伙伴也大为惊讶。三番五次的谈判之后，竞争者同意了，飞利浦照明的产品开始上了对方的轨道，公司的业绩也奇迹般地上去了。一年之后，公司扭亏。公司开宴会庆祝时，很多在澳大利亚工作多年的员工，都流下了眼泪。伍健贤说，"事实证明，在商场上其实并没有敌人，只是大家总是在假想对方如何残酷、如何不人道。"

伍健贤因为自己的竞争对手的帮忙而扭转了公司的亏损局面。而在我们一般人看来，对手是自己的敌人，怎么可以跟他们一起合作来经营公司呢？可是在伍健贤的职场中对手也可能成为合作伙伴，也可以成为朋友，可以成为那个让自己的公司转亏为盈的人。其实在职场上没有永远的敌人，只有永远的利益，成为竞争对手也是源于利益之争，当然只要有共同的利益需求也可以成为朋友。

如果我们想要在职场上有一番作为，想要在职场上完成自己的目标，那么我们就不能有那么多的计较，也不能有那么多的顾忌。计较太多，顾忌太大，只会给我们增加多余的负担，只会给我们自己的脚步增加多余的束缚，在职场上，如果有必要，对手也可以成为朋友，因为多一个朋友，我们的成功也许就会多一份可能。

心 灵 寄 语

职场无需那么多的忌讳与计较，只要对我们的工作有利，对我们的人生有帮助，那么对手也可以是朋友。毕竟多一个朋友就多一条路，多一个敌人，我们就会多一份负担与哀伤。

5. 没有绝对的完美，只有准确的定位

在这个世界上没有谁是绝对的完美，也没有谁仅仅是因为自己的完美获得了成功。在职场上我们想要获得成功，想要更好地生存，那么我们就要找到适合自己的位置，给自己的人生进行准确的定位，只有定位准确了，我们才会少去很多的麻烦，才会让职场之路走得更为通畅与轻松。

当我们看到那些成功人士的时候，总觉得他们的身边有一层光辉在环绕，也总喜欢把他们想象成完美之身，然后对他们投去欣羡以及敬佩的目光。当然在一切的敬佩以及欣羡散去的时候，我们就像是一个挑剔的婆婆，开始对着自己——这个小媳妇挑三拣四，开始对着她抱怨自己的不满，开始对着她发泄自己的怨恨：为什么别人总是光辉环绕？为什么别人总是在掌声中前进？为什么你努力了这么久还是逃

脱不了这副小媳妇的模样？为什么你总是忙忙碌碌，到头来什么也没有得到？为什么别人那么完美，你却是缺点满身……

其实再多的责备也没有用，再多的挑剔只会给我们的心灵造成伤害，给我们的人生造成负担。没有人会是完美无缺的，所以我们不应该因为自己的一些缺点就去抱怨自己，就去折磨自己，要知道每个人都有他自己的优点，每个人也都有适合自己的位置，只要我们找到了那个适合自己的位置，那么我们也会变得成功。当然在我们眼里成功的那些人其实跟我们也并没有多大的差别，他们也并没有比我们多太多的优点，如果说是有差别的话，那就是他们比我们更早地找准了自己的位置。

她是一位强者，因为她有着对事业不懈追求的信心；她是一位幸运的成功者，因为她找到了自己的位置，成为了拥有千万元资产的企业家。她就是常熟同创液压元件有限公司的董事长兼总经理何菊芬。她的成功事迹告诉我们，只要找准自己的位置，坚持并努力下去，就会受到机遇的眷顾。

18 岁的何菊芬因高考发挥失常，和大学失之交臂，无奈之下只好进了乡办厂，先是在一家布厂做了两年多的挡车工，后来又进了当时的机床电器厂做车工、装配工。聪明好学的她很快就掌握了车工和装配技术，继而被领导安排到了计量岗位。

1989 年的时候，何菊芬因为不甘陷入日复一日的简单劳动中，于是决定到外面闯一闯，希望通过自己的努力来实现自身的价值。她来到了在北京上班的哥哥的身边，在哥哥的帮助下她先是在一家文化传播中心找到了一份比较轻松的工作，然后一边熟悉环境一边对北京的市场进行了调研，发现在内地相对饱和的针织服装在北京很热销，于是她开始做起了针织服装批发生意，由于品种、款式适销对路，很快她在北京掘到了第一桶金。她很快地发现自己十分喜欢做生意，纵横在商场中的感觉实在是很好。于是她决定充分发挥自己经商的天分，好好干一番事业。找准了自己的位置，何菊芳就开始了自己真正的经商生涯。

1997 年，她以 17 万元承包了当时镇里的机床电器厂，然后靠着从多方筹集到的 70 多万元资金开始了她的第二次创业。虽然开始很艰难，但是何菊芬凭着自己对经商的热情，以及自己超强的实力，第一年下来竟然将亏损和盈利持平。第二年，她毅然大胆进行自己的计划，再次投入了 80 多万元将电器厂的所有旧设备买下来，她依照自己的想法，开发出了新产品。当然她知道一个商人应该有怎样的职业素养，所以她与客户在交往中，始终以诚信作为首要合作条件，针对某个项目，她和技术人员总是先根据客户需求，量身定做，制出系统图，然后让对方试用，碰到难题，再不断改进，直到客户满意为止。正因为如此，何菊芬才与徐工集团、上海铁路局技术调速中心等大企业建立了良好的合作关系，不少客户闻名而来，满意而归。她自己也随着企业的发展不断成长，她凭着一股干劲儿，在不断地充电中寻到了自己的人生位置，实现了自己的人生价值。

何菊芬凭着自己对生活的热情，在社会上找到了适合自己的位置，也在这个位置上不断地进行奋斗，最后终于得到了成功的青睐。其实成功往往是留给那些有准备，并且能够看清自己前面的路，能够坚持不懈，持之以恒的人的。职场不是过家家，也容不得我们的敷衍与凑合，职场需要我们对自己清楚的认识以及准确的定位，只有我们清楚地认识了自己，并且能够准确地给自己定了位，那么瞄准自己的目标，不断去奋斗，我们才有可能获得成功。

不要再去抱怨自己的不完美，也不要再去抱怨命运的不济，或者是上帝的不公。抱怨只会是浪费我们的时间，浪费我们的生命，甚至是给我们的心灵增加负担，给我们的成功减去机遇。要知道上帝对我们每个人都是公平的，命运也没有苛责我们任何人。在我们的人生中，命运给我们每个人都安排了一个恰当的位置，上帝也给了我们每个人一双善于发现的眼睛，给了我们一颗能够思考的头脑，但是至于能不能找准自己的位置，能不能凭着那双眼睛以及那颗头脑发现机遇，找寻到成功就要看我们自己的能力了。

职场上没有绝对的完美，只有准确的定位，只要我们的定位准确了，那么我们的一只脚也就跨进了成功的门槛。所以在我们的职场生涯中，先不要盲目地去做，也不要让自己进入到那种碌碌无为的状态，更不要让自己在没有希望的工作中身心疲惫。在自己没有找寻到成功，在自己满心迷惑的时候，我们不妨让自己停下来，用心用智慧去探寻那个属于自己的位置，相信如果我们找到了那个位置，那么成功就不会那么遥不可及。

心 灵 寄 语

在职场上没有绝对的完美，只有准确的定位。找寻自己的位置就是给自己的生活做减法，减去那些盲目，减去那些无谓的付出，减去那些烦恼，减去那些徘徊，然后给自己的成功增加机遇，给自己的成功增加砝码。

6. 职场应变，半点冲动来不得

职场是一个纷繁复杂的江湖，需要我们谨慎的应对，容不下我们任何的冲动。冲动是魔鬼，冲动会让我们丧失理智，冲动更会让我们在职场上步履维艰。所以，不管在职场上遇到什么事，我们都需要谨慎应变，用冷静以及智慧去应对这个江湖。

有人说，职场如战场，但是从另一个角度来讲，职场更像是婚姻，职场之战更像是一场婚姻保卫战，因为在这两个战场中都需要我们用心去经营，都需要我们用沉着与冷静去应对，都需要我们掌握一定的方法与智慧，都容不得我们半点的冲动。

俗话说冲动是魔鬼，有时候冲动更会毁掉我们的一切。所以在职场中冲动其实是一大忌讳，是我们职场的雷区。可是在现今的社会中，那些被冲动控制的人们，总是在"战斗"还未真正开始之前就偃旗息鼓，或者是频繁地更换"场地"，他们不计后果地过着自己"闪婚""闪离"的日子，将自己的职场弄得一团糟，也将自己的人生置于一种无法安定的状态，当然他们的心灵也跟着自己在随时飘荡，最终变得负重累累。

张薇在一家公司的 PR 部门工作，今年 36 岁的她可以说是对自己的工作很满意。她所在的公司由于规模大，并且每年的销售业绩不错，所以自己的薪水以及福利也很好，自己的日子也过得不错。这样的工作状态原本应该一直维持下去，可是谁又想到张薇却在众人来不及反应的时候离了职，选择了跳槽，究其原因只是由于自己一时的冲动。

某一天上班的时候，张薇由于业务上的一些问题跟自己的一位男上司起了争执，本来没有多大的事情，但是令人出乎意料的是张薇却在一气之下说出自己不干了，从而没法继续在公司待下去，所以就离了职。

离职后她到处投简历，后来进了一家相对稳定的大公司的 PR 部门。在之前的公司她习惯做一些有变化、有生气的业务，而在这里也没有外勤机会，每天只能坐在电脑前循规蹈矩地处理一些

书面业务，让她很没兴致。当初就因为和上司闹矛盾，就抛弃了
自己的工作，并没有慎重考虑就匆忙转到了并不适合自己的公司，
所以工作起来没有一点成就感，让自己深陷遗憾与自责之中。

张薇无疑是一个"闪离族"，因为跟上司一时的争执，由着自
己冲动的性子，就放弃了原本自己满意的工作。其实想一想，当初
为什么要那么冲动，为什么要说出那样让自己难以承受的话，而让
自己在以后的工作中吃亏呢？如果当时能够忍住冲动，冷静地去处
理那件事情，那么她也不会落得现在的这步田地，也不会在职场这
场战斗中惨败而归。

虽然在我们的生活中到处充满着保卫婚姻的标语，但是我们也
要清楚的明白，不仅是婚姻，职场也需要我们的保卫。我们应该在
职场这场战斗中多给自己加一些胜利的砝码，减去一些失败的祸
害，多给自己一些沉着冷静，少去一些冲动与鲁莽。

跟婚姻一样，我们的职场也会经历"闪离"的四个阶段，所以
我们应该从这四个阶段入手，去保卫我们的职场，拒绝让冲动危害
到我们战斗的胜利。

1. "相亲"阶段

这个阶段其实就是我们寻找工作的一个阶段，在这个阶段里面
我们千万不能仅凭一时的冲动就去谋得一份职业，我们要学会给自
己做一个职业规划，要谨慎分析自己的心理，当然还要去分析自己
的应征单位是不是符合自己的心意，他们的条件是不是能够达到自
己的标准，让自己有较高的满意度。如果这些都符合了，那么我们
就有可能会避免以后的"闪离"，而让自己一直发展下去，打好自
己的这场战斗。

2. "订婚"阶段

这个阶段是一个很重要的阶段，这个阶段也是我们处于职场的

试用期。所以在这个阶段很多工作中的问题都会出现，而且很多矛盾也会升级。所以在这个阶段我们必须保持清醒的头脑，让自己用理智去控制自己的行为以及言辞，这样我们才有可能真的将"婚"订下来，才有可能真正朝着自己的"幸福生活"迈进。

3. "结婚"阶段

如果我们安然地度过了订婚的那段日子，这时候我们并不要太过于兴奋，也不要有任何的放松以及任性，因为这个阶段还有可能会出现很多的问题与矛盾，还有可能会让我们的"婚姻"进行不下去。俗话说相爱容易相守难，所以我们应该清楚在"相守"的这段时间里是我们的"婚姻"最关键的时候，也是最艰难的时候。在这时候我们一定要谨小慎微，要冷静沉着，遇到事情千万不能冲动任性，不然的话可能我们以前的努力都会功亏一篑。

4. "离婚"阶段

这个阶段是双方的矛盾已经激化，并似乎不能调和的阶段。可是我们要知道没有什么问题是不能解决的，也没有什么矛盾是化解不了的，即使到了要"离婚"的地步，只要彼此还有感情，那么还是可以挽回的。所以在这个阶段，我们应该看清楚自己的内心，真正地了解到自己想要什么，在"这段婚姻"里面有没有让自己留恋的东西，有没有让自己抛舍不了的东西，如果有，那么我们就不要冲动地去下结论，也不要冲动地"离婚"。因为在职场这场"离婚"中需要我们付出昂贵的代价，也会给我们自己造成不可估量的伤害。

让我们打响自己的职场的婚姻保卫战，用理智以及冷静去处理职场中发生的一些事情，千万不要因为自己一时的冲动而让自己在职场出现"闪婚""闪离"的事情，因为"闪婚""闪离"不仅是对自己工作的一种不负责任，也是对自己人生的一种不负责，还会给我们的人生造成负担。

心 灵 寄 语

冲动是魔鬼，冲动也会破坏我们的"婚姻"，让我们用冷静以及理智去打响职场的"保卫战"，用耐心去维护和经营这段"感情"，让我们用自己的沉着与智慧去收获自己的"幸福甜蜜"。

7. 摆脱自私，离成功更近

私心是一个陷阱，也是我们在职场上生存下去的一个雷区，更会将自己陷入一种孤立无援的境地。所以想要在职场上顺利前行，想要自己的人生有所收获，我们就要学会适当地减去一些自私，为自己的成功扫清一些障碍。

有人说，人不为己天诛地灭；也有人说，人的本性都是自私的；当然还有人说，我们每一个人的心里都潜伏着一个叫做自私的鬼魅，随时准备着啃咬我们的心灵……不管是哪种说法，这其实都是对人性的一种探索，也是对人性自私的一种肯定与评说。自私本无罪，自私也本是人的本性，但是自私应该有一个界限，这个界限如果我们一旦越过就是真正的自私自利，如果我们能够把持住自己，那么这个自私就不再是真正意义上的自私自利，只是一种对自己利益的追求。

在职场中，我们随时随地都可以见到那些跨越了自私界限的人，也随时都能看到他们为了自己的私心而做出的一些事情。他们为了自己的需求，不顾他人的利益，他们为了自己的利益，不惜损害别人的利益，给别人造成危害。在表面上看他们好像因为自己的自私得到了一些好处，占得了一些便宜，可是从最终的结果来看其实他们并没有得到什么便宜，反而是害了自己，也可能更会给自己的人生之路造成阻碍，让自己的心灵承受很重的负担。

在经过一轮复一轮的筛选后，五个来自不同地方的应聘者终于从数百名竞争者中，像大浪淘沙一般脱颖而出，成为进入最后一轮面试的佼佼者。

这5个人，可以说都是各条道路上的"英雄好汉"，彼此各有所长，势均力敌，谁都可以胜任所要应聘的职务。换句话说，就是谁都有可能被聘用，同时谁都有可能被淘汰。正是因为这样，才使得最后一轮的角逐更加具有悬念，显得更加激烈和残酷。

小王虽然身居高手当中，但他的心里相对还是比较踏实的。因为凭他在初试、复试、又复试、再复试中过关斩将那股所向披靡的势头，他成功获胜是绝对没有问题的。于是，胜利的自信和成功的愉悦提前写在了他的脸上。

相对于自信满满的小王，在这五个人中却有一个戴着眼镜的男子就显得有点内敛，并且有点沉默寡言了。只见他拿着自己的黑色背包，淡定地坐在自己的位子上，似乎心里在衡量着什么。

按照公司的规定，要在那天早上9点钟准时到达面试现场。面对如此重要的机遇，5人都不约而同提前半个多小时就赶到了。距面试开始时间还早，为了打破沉寂的僵局，他们还是勉强地聚在一块儿闲聊了起来。当中小王可说是抢尽了风头，当然还有3个人也侃侃而谈，除了那个"眼镜男"，别人都是一副很强势很自信的样子。并且面对眼前这些随时会威胁自己命运的对手，在交谈中彼此都显得比较矜持和保守，甚至夹着丝丝的冷漠和虚伪……

忽然，一个青年男子急急忙忙地赶来了。他的到来成了他们转移这毫无内容的话题的借口，他们惊奇地看着他，因为在前几轮面试中都不曾见过他。他似乎感到有些尴尬，然后就主动迎上前开口自我介绍说，他也是前来参加面试的，由于太粗心，忘记带钢笔了，问他们几个是否带了，想借来填写一份表格。5人面面相觑，像有感应似的你看着我，我看着你，始终没有人出声，尽管他们身上都带着钢笔。

稍后，那人看到小王的口袋里夹了一支钢笔，眼前立刻掠过一丝惊喜："先生，可以借给我用用吗？"小王立刻手足无措。慌里慌张地说："哦……我的笔……坏了呢！"

这时，他们5人当中那一个沉默寡言的"眼镜男"走了过来，递过一支钢笔给他，并礼貌地说："对不起，刚才我的笔没墨水了，我掺了点自来水，还勉强可以写，不过字迹可能会淡一些。"

他接过笔，十分感激地握着"眼镜男"的手，弄得"眼镜男"感到莫名其妙。其他4人则轮番用白眼瞟了瞟"眼镜男"，不同的眼神传递着相同的意思——埋怨、责怪。因为他又给他们增加了一个竞争对手。奇怪的是，那个后来者在纸上写了些什么就转身出去了。

一转眼，规定的面试时间已经过去20分钟了，面试室却仍旧丝毫不见动静。他们终于有些按捺不住了，就去找有关负责人询问情况。谁料里面走出来的却是那个似曾相识的面孔："结果已经见分晓，这位先生被聘用了。"他搭着"眼镜男"的肩膀微笑着向众人做了一个鬼脸。

接着，他又不无遗憾地补上几句："本来，你们能过五关斩六将来到这儿，已经是很难能可贵的了。作为一家追求上进的公司，我们不愿意失去任何一个人才。但是很遗憾，是你们自己不给自己机会啊！"

其他的4人这才如梦初醒，可是已经太迟了。由于自私，他们丢掉了已经到嘴的肥肉；"眼镜男"却得益于他的无私，成了这次应聘中唯一的幸运儿。

人不为己不合理，但是过于自私却是自作孽。故事中的 5 个应聘者，除了"眼镜男"都被自己的自私害掉，也最终因为自己的自私与到手的工作擦肩而过。可能在面对"自私"的诱惑时，"眼镜男"也挣扎过，但是最后还是自己的良心战胜了自私，所以才成就了他的成功。

职场有太多的陷阱，这些陷阱很多都是对我们人性的考验。如果在职场中我们只是自私自利，为了自己的利益不断地去损害别人的利益，不知道付出，成为一个名副其实的"自私鬼"，那么职场这条路我们肯定会越走越窄，也肯定会越走越艰难。当然我们也会跟别人渐渐地疏远，也会得不到别人的信任，那么我们就会在职场中变得越来越孤寂，我们的心灵也会被牵累。

不要让自私自利阻碍了我们前进的脚步，也不要让自私自利成为我们职场形象的代言人，用慷慨与无私去走自己的职场路，这样我们会发现原来职场中那么多的陷阱都会被我们绕过。

♥ 心 灵 寄 语

自私自利会让我们在职场中举步维艰。不要让自私蒙蔽了自己的双眼，也不要让自私冷漠了我们的心灵，让我们用慷慨与真心，用热忱与奉献去绕开自私给我们职场设下的陷阱，也让我们用豁达与温暖去解放我们的心灵。

8. 成败本身无定数，无愧于心自坦然

人生中变数太多，成败也是我们难以掌握的。那些走过的路，我们可以回头看，但却不能重走，所以每走一步，不管结果怎样，只要无愧于心就好。人生不需太执著于那些失败，也不需太执著于那些成功，只有淡看人生，我们的心才会获得轻松与自由。

总听别人说，这个世界变数太大，我们不知道应该去相信什么。粗略听来，这句话好像是在发泄自己满腹的牢骚，但是仔细琢磨，才发现的确有一定的道理。在这个世界上，的确什么都存在着变数，几乎没有什么事情能够让我们肯定，甚至有时候连自己的信仰也会变得让自己陌生。那么在如此的一个环境中我们应该去相信什么呢？那么我们穷尽一生想要追求的那些梦想、那些成功我们应该如何去安置？

以前，我们相信只要自己努力了，只要自己坚持了，那么总有一天我们会成功。但是后来，在人生这条路上跌跌撞撞，历经坎坷，坚持了那么久，可依旧是一无所获，依旧没有看到成功的任何踪影，所以突然就没有了信心，也慢慢开始怀疑自己的人生。其实这些怀疑根本就没有必要，因为只是一开始我们把现实想得过于美好，所以才在自己得不到成功的时候，心理产生那么大的落差，所以才会觉得命运在戏弄自己。其实在人生这条路上，我们要知道成败本身并无定数，不一定我们坚持了、努力了就可以得到自己想要的，我们把握不了这个世界的任何别的东西，我们能够把握的只有自己，只有自己的一颗心。

所以面对人生中的那些成败，我们要学会看淡；面对人生中的那些得到与失去，我们要学会坦然；面对人生中的那些幸福与悲伤，我们也要让自己释然。这样我们才能在人生这条路上轻松地行走，我们才不会被自己的心所累，我们也才会在名利尘世中收获一些宁静与安详，得到一些恬静与淡然。

20 世纪 60 年代中期，美国通用电气公司一位年轻工程师独立负责一项新塑料的研究。正当这位工程师踌躇满志地准备大干一场的时候，不幸的事情发生了：实验室的研究设备突然爆炸，3000 万美元的实验设备连同厂房瞬间化为灰烬。面对爆炸后一片狼藉的现场，年轻的工程师精神濒临崩溃。他想，自己在通用的梦想和历史就此结束了。他非常沮丧，忐忑不安地接受了通用总部派来调查事故的高级官员的谈话。没想到的是，这位高级官员问的第一句话是："我们从中得到了什么没有？年轻工程师先生？"工程师回答："我们这个实验走不通。"调查官员说："这就好。可怕的是我们什么也没得到。"

一场惊天动地的"重大事故"就这样解决了，这位年轻工程师就是日后带领通用电气公司实现了 20 年高速增长、被誉为世界第一 CEO 的杰克·韦尔奇。

当韦尔奇的实验出了问题要接受调查的时候，他很忐忑，也很不安，但是当他听到调查员跟他讲的话的时候才明白：成败本身无定数，在一次的失败中我们需要的不是自己的懊恼与沮丧，而是在这次的失败中得到的是什么，得到了怎样的启示，这才是最重要的。一个人如果太看重成功，那么有可能反而会被失败打得一蹶不振，在人生中我们要追求成功，但是我们也要坦然面对那些失败与不如意，只有我们坦然面对了，那么我们才有可能鼓起精神与勇气进行下一次的尝试。

有个人，有这样一份经历：1816年，家人被赶出了居住的地方，他必须工作以扶养他们。1818年，母亲去世。1831年，他经商失败。1832年，他竞选州议员，但落选了，工作也丢了，想就读法学院，但进不去。1833年，向朋友借钱经商，但年底就破产了，接下来花了16年时间，才把债务还清。1834年，再次竞选州议员，成功了！1835年，订婚后即将结婚，未婚妻却死了，因此他的心也碎了！1836年，精神完全崩溃，卧病在床6个月。1838年，争取成为州议员的发言人，却没有成功。1840年，争取成为选举人，失败了！1843年，参加国会大选，落选了。

1846年，再次参加国会大选，这次当选了！前往华盛顿特区，表现可圈可点。1848年，寻求国会议员连任，失败了！1849年，想在自己的州内担任土地局长的工作，但被拒绝了！1854年，竞选美国参议员，落选了。1856年，在共和党的全国代表大会上争取副总统提名，得票却不到100张。1858年，再度竞选美国参议员，再度落败了。1860年，当选为美国总统。1864年，他再度当选为美国总统。逝世后，他的遗体在14个都会供群众凭吊了两个多星期。

他领导美国人民维护了国家统一，废除了奴隶制，为资本主义的发展扫除了障碍，促进了美国历史的发展，100多年来，受到美国人民的尊敬。马克思曾经这样评价他："他是一位达到了伟大境界而仍然保持自己优良品质的罕见人物。这位出类拔萃和道德高尚的人竟是那样谦虚，以致只有在他成为殉道者倒下去之后，全世界才发现他是一位英雄。"

这段简历记载的就是被美国人尊崇为"最伟大的总统"、全美国的第一任平民总统亚伯拉罕·林肯。他用自己的足迹以及坚持谱写了他的一生。在他的人生中我们看到的不是平顺，而是挫折，是失败，但是面对失败，我们没有看到他消极厌世，也没有了看到他颓废自弃，我们看到的是他的坦然面对与积极进取，我们看到的是他的坚持与努力，以及他最后获得的成功与作出的奉献。

人生不可能是一帆风顺的，命运之神也不会一直眷顾我们。所以当我们的人生有了失败，有了挫折，有了困难的时候，我们千万不要灰心，也不要放弃，我们要去坦然面对人生中的一切，用淡定与释然，坚持与努力谱写自己的人生。

♥ 心 灵 寄 语

在职场中，在人生里我们可能随时都在承受着打击，可能我们也随时都在与失败较量，可是不管怎么样，不管命运给予我们的是什么，我们都不要太过失望，也不要沮丧，因为成败本身并无定数，我们只要做到无愧于心就好。

第三卷
牵绊都是心中毒，灵魂清洗要及时

第一章 计较太多心黑暗，胸怀希望见阳光

我们的人生存在着太多的牵绊，这些牵绊不仅腐蚀着我们的生活，也腐蚀着我们的灵魂。太多的牵绊，让我们的灵魂积满了尘垢，我们的人生也因此而沉重不堪。生活需要我们学会适当地做减法，减掉那些我们生命中多余的东西，让我们的心灵摆脱牵绊，这样生活才可以更轻松，而我们也能够获得自己梦想中的幸福。

1．为心灵绘制一个笑脸

都说心灵是一个人生命最真实的映射，心灵也是我们灵魂的寄居之所。在一生中我们无需计较太多，过多的计较只会让我们的心灵陷入黑暗之中。我们的胸怀也希望受到阳光的温暖。所以，为自己的心灵绘制一个笑脸，让这个笑脸带着我们体验人生中的酸甜苦辣。

有这样的一句话："在生命之旅中我们必须拥有这样的一种风

度：失败与挫折，不过是一个记忆，仅仅是一个名词而已，它们不会增加生命的负重。带着伤痕把胜利的大旗插上成功的高地，在硝烟中露出自豪的笑容，才是人生又一份精彩……"这是面对生命，面对挑战和苦难时的一种坦然，是一种微笑着面对人生的态度。这种微笑是自己给予的，也是我们每个人应该绘制在自己心灵上的。

为自己的心灵绘制一个笑脸，人生之路就不会如想象中那般漫长而充满烦恼。将人生道路中的种种艰难险阻看做是一种考验。即使跌倒了，也不会因为惧怕疼痛而轻言放弃。不再因为生活中偶尔出现的不如意叹息，也不会随便给自己的生活增加负担。懂得给自己的心灵绘制笑脸的人，他不会让悲观失望长时间主宰自己的人生。他懂得人生需要减负，也擅长为自己的生活做减法。

二战期间，有一位名叫伊丽莎白·康黎的女士失去了她唯一的儿子。丧子之痛让她对自己的人生心灰意冷，准备去乡下了此余生。但就在她准备行装的时候，她无意中发现了儿子生前写的一封信，信中有这样一句话："无论身在哪里，也不管遇到什么样的灾难，我都要勇敢地面对生活，就像真正的男子汉那样，用微笑承受一切不幸和痛苦。"儿子的这段话就像一颗炸弹，在伊丽莎白·康黎的心灵深处炸开。她想到，一定有很多像她一样的母亲在战争中失去了儿子或者其他的亲人，她们的心情一定也和她一般。于是，她放弃了默默了此余生的念头，拿起了笔，在纸上写出了自己的所有真情。最终她成为了一名知名的作家。

伊丽莎白·康黎之所以能够勇敢而乐观地生活下去，是因为儿子信中的语言给了她鼓励。她明白人的一生不可能一帆风顺，既然逝去的已经无法挽回，为何不珍惜现在呢？于是她在自己的心灵上绘制了一个笑脸，为自己也为已逝的儿子活出了精彩。

一个拥有阴暗心灵的人，他的人生也是寂寞而沉重的。因为阴暗的心灵只会让我们计较太多，计较太多又会让生活变得沉重而杂乱，任何人在沉重杂乱的生活中是无法享受到幸福的感觉的。所以，让我们的心灵摆脱阴暗的纠缠，为心灵绘制一个笑脸，是我们获得轻松幸福生活的最佳选择。相信每个人都希望自己过得幸福而快乐，唯有轻松的心灵才可以让人们脸上的笑容更灿烂。

为心灵绘制一个笑脸，让自己拥有一个乐观向上的人生态度；为心灵绘制一个笑脸，让自己拥有一份面对艰难困苦的勇气；为心灵绘制一个笑脸，让自己拥有一份面对人生的平和。只要我们不放弃心中的希望与梦想，就一定能够在苦难的生活之中绽放出最美丽的花。

沉重并非人生的代言词，现今社会的人们，为了能够过上自己理想中的幸福生活，表面上用尽各种手段不停地为幸福奋斗，实质上却是不断地将各种各样的压力和包袱强加在了自己身上。所以有很多人在感叹人生的不容易，在抱怨生活给予的压力太重……生活需要我们懂得自我减压，过重的负担只会让我们失去面对人生的勇气；只有适当地为生活做做减法，我们才能够在轻松快乐中得到自己想要的幸福。

我们知道，不管是哪种笑，似乎都拥有一种神奇的力量。心灵上的神奇笑脸，足以让我们面对一切的时候绽放出微笑。这微笑是一种释然，也是一份淡定，在这种微笑下，再烦恼的事情也会变得云淡风轻。对着镜中的自己笑，镜中的笑容会给我们一份自信；对着明亮的窗子笑，窗外的阳光会聚集在一起大声地为我们加油呐喊；对着自己的人生笑，人生会回报我们一份简单却难求的幸福。

李欢最近很沮丧，一连串的打击让她觉得人活着简直就是一种煎熬。先是在公司进行的升职考核中，李欢虽然取得了优异的成绩，却被一个公司某领导的侄儿占据了她梦寐以求的职位；后来苦追自己三年，已经向她求婚的男友忽然提出了分手，说是他另有所爱了。职场失意本来心中就郁闷，李欢没想到自己竟然情场也失意了，顿时觉得人生没了追求，于是向公司的老总请了一周的假，打算躲起来疗疗伤。

一天傍晚，她正在家附近的广场上转悠，忽然看到一个小孩子拿着粉笔，在地上不停地画着笑脸。于是她走上前去，问那孩子为什么画那么多笑脸。孩子说，老师曾经说，要是不快乐的时候就要为自己画个笑脸，那样就会快乐。刚刚妈妈和爸爸吵架了，所以他画很多的笑脸希望爸爸和妈妈快乐！李欢忽然想开了，她假期还没结束就回到了公司，一改之前的沮丧，又变成了一个积极向上的职场精英。

正如故事中所说，"为自己绘制一个笑脸，那样就会快乐。"要是给自己的心灵上绘制一个笑脸，那么心灵就是快乐的。一个快乐的心灵，当然也能够快乐地面对人生。剔除生活中的牵绊，也就等于拔出了心中的毒素，心中没有了毒素，希望的阳光自然就是心灵中唯一的进驻物了。

心灵寄语

我们需要学会为生活做减法，放弃那些过多的计较，为自己的心灵绘制一个笑脸，那么希望的阳光自然会进驻在我们的内心深处。一个会微笑的心灵，它的人生也是轻松而快乐的。

2. 愁苦和快乐是可以选择的

"风雨过后总会见彩虹"。人们总是喜欢用风雨代表愁苦，而彩虹自然就是愁苦之后的快乐了。其实，愁苦和快乐是可以选择的，只要我们愿意，我们完全可以将快乐添加在我们的人生中，减去愁苦带来的消极，给自己一个幸福的人生。

有人说快乐和愁苦是一对孪生兄弟，它们是命运赏赐给人们的礼物，也是命运给与人们的考验。估计所有的人都希望自己的一生快乐而无忧，但是天难遂人愿，在我们拼命追求快乐的时候，愁苦却紧随我们身后，让我们欲哭无泪。其实，快乐和愁苦并不是一对相处和睦的兄弟，它们是相互排斥的，只要我们选择了快乐，那么愁苦就会消失；如果我们选择了愁苦，也就预示着将快乐关在了门外。所以，愁苦和快乐是可以选择的，我们的人生与快乐相随还是被愁苦笼罩，就看我们自己的选择了。

到底什么是快乐呢？有的人说快乐是一种满足，有的人说快乐是一种刺激，还有的人说快乐是财富、成功、鲜花和荣誉……其实真正的快乐是面对人生时的一种心境，是一种来自灵魂深处的对于人生的感觉。一个人快乐与否，完全掌握在自己手中。只要我们将愁苦从心灵中驱走，将快乐安置其间，那么快乐就会随我们而行。

我们在面对快乐和愁苦的时候要学会选择，只要我们有心，就会发现，生活中的每一天都存在着选择，甚至每件事情都伴随着快乐和愁苦的争斗。如果我们计较太多，一不小心就会掉进愁苦的陷阱，不仅弄得自己不愉快，甚至周围那些关心我们的人也会跟着不舒服。如果我们肯放下一些无谓的坚持，选择快乐，那么我们的快乐也会感染周围的一切。

有一个公司分房子，张三和李四他们两人的资历都差不多，同时被分到了八楼，当时那栋楼还没有电梯，两个人的孩子都小，可想而知给他们的生活还是带来了很大的不便。更让人不解的是，有一些同事，比他们资历还差，竟然分到了三层、四层的好楼层。面对这件事情，张三和李四的态度却截然相反，结果也给双方带来了完全相反的两种结果。

张三身体本来很健壮，但是他觉得自己受到了不公平的待遇，心里很是不平衡，不但常常拿老婆孩子出气，还时不时的到公司领导那里大吵大闹，搞得上下级关系很紧张。而他自己也因为心结难解，气得大病了一场。

李四身体本来就较弱，但是他的心态较好，对于公司的安排不但不抱怨，还把爬楼梯当成了一种锻炼身体的好机会，不但自己爬，还带着刚会走路的孩子每天练习爬楼梯。没想到坏事反而变成了好事，不但自己的身体逐渐变得硬朗了，小孩的身体也健壮了。

从这个事例我们可以看出，快乐和痛苦真的是可以选择的，只要我们愿意，我们完全可以选择以一种乐观的心态对待人生。就像故事中的李四，虽然公司分房给他的生活带来了诸多不便，但是他却将这种不便看成了一种锻炼的机会，将坏事变成了好事，自己获得了快乐。

诸多生活的事例告诉我们，愁苦和快乐会时常同时出现在我们面前，如果我们选择了愁苦就必定会拥有愁苦；选择了快乐就会拥有快乐。当然，要做出正确而明智的选择并不是一件十分容易的事，这和一个人的性格、阅历密切相关。那么，面对愁苦和快乐，我们应当如何做出正确的选择？有以下几点建议可以参考：

1. 减去妒忌，不要让其成为心魔

妒忌是一剂能够使人心情变坏、远离快乐的毒药，一旦沾染上则痛苦万分，让人无法自拔。生活中有一些嫉妒心很强的人，他们容不得任何人比自己好，不管是在日常生活中还是在工作中。嫉妒心太重，只会让自己活得很累，也会让快乐远离自己。

2. 减去苛刻，宽容对待他人

为人不应该心胸狭窄，不要对一些小事斤斤计较。心胸狭窄的人专门喜欢往心里收集垃圾，把多少年来别人给予他们的不快都积攒着，让自己的内心变得不但阴暗而且肮脏，将快乐的阳光摒弃在心灵之外，所以他们从来不知道快乐是什么！因此我们要学会宽容别人，包括宽容伤害过自己的人，要知道宽容别人就是宽恕自己。

3. 减去计较，好好把握现在

在电影《泰坦尼克号》中有一句经典名言：快乐度过每一天。快乐其实就在我们每个人的身边，关键是如何去把握它。有的人总是喜欢缅怀过去，于是把太多的时间都花费在弥补过去的错失中，蹉跎了光阴；而有的人喜欢把快乐寄托在未来，总是告诫自己，只有未来是最美好的，所以整日忙忙碌碌，忽略了许多已经拥有的快乐……不懂得把握现在的人，自然也无法捕捉到本已拥有的快乐，所以他们始终是与快乐擦肩而过的人。

愁苦和快乐是可以选择的，我们可以选择比较快的生活节奏，但是我们可以减去现今社会带来的无尽的欲望和巨大的压力；我们可以选择为自己的人生勤勤恳恳，但是我们可以减去自私和冷漠。珍惜那些我们拥有的美好事物将不该拥有的全部减去，那么我们的生活就会轻松很多，我们心中的牵绊也就会少去很多，当然我们的人生就会多一些幸福。

心 灵 寄 语

一个人计较太多，他的心中也就会充满黑暗，其实我们的心灵也是渴望阳光的。愁苦和快乐是可以选择的，主要在于我们自己，只要我们愿意减掉那些心中的牵绊，常常为自己的生活做做减法，我们就会快乐。

3. 不要因为沉默让心灵负重

有人说沉默是金，但是有时候沉默也是负重，也是无尽的黑暗，还可能会让我们失去一些不该失去的东西。在我们的人生中特别是在和自己的朋友发生芥蒂的时候，沉默只会让两个人之间产生缝隙，甚至会让友情与自己失之交臂。所以必要的时候，我们应该将自己的想法说出来，从而不要让沉默使自己的心灵负重。在我们的人生中有时候总感觉到生活太繁琐，也感觉到自己肩上的负担似乎过重，甚至有时候重得让自己难以承受，也有时候更是感觉到自己的心灵总是沉浸在无边无际的压力之中。所以有时候我们就想，如果我们能够在有些事情上选择沉默，那么就有可能会避开很多的麻烦，也会让自己活得更舒服一点，就不会有那么多的牵累。其实如果我们真的这么想，有时候并不一定是正确的，因为沉默也就意味着我们将自己的心封闭起来，不去表露自己的思想，这样可能当我们遇到一些挫折一些困难的时候，如果我们自己无法排解，一直积压在心中的话，久而久之我们也会让自己的心灵负重，也会被自己的沉默所累。

　　木木是典型的东北女孩，有什么就说什么，直率的个性很受同事的喜欢。青灵虽然来自西北，但是她的性子却没有一点北方人的豪爽，反而有点沉默寡言。但是她却很投木木的缘，因为木木从青灵对待她的方式中觉察出来青灵很喜欢她，所以她很自然地就和青灵成了朋友。

　　她们在一起的日子很是开心，虽然很多时候都是木木在说，青灵在听。对于青灵来说，木木是她最喜欢最羡慕的对象，她永远那么天真，好像从来没有什么忧愁事。而青灵，她自己由于思虑太多，所以很多时候都是不开心的。木木就像一缕阳光，打从第一次见面，就藏在了青灵的心里。

　　朋友之间相处，难免有些磕磕绊绊，青灵的沉默寡言，让另一位同事有机可趁。她总是喜欢在木木的面前说青灵的坏话，木木刚开始的时候还会为青灵辩解，让同事不要乱说。但是她每次将这些事情说给青灵听的时候，青灵总是淡淡地，从来不为自己开脱。慢慢地，木木也就误以为青灵不做任何解释就是默认了。于是逐渐和青灵不再那么亲密了，两个人似乎也是越走越远。

　　青灵一直以为木木应该了解自己，谁知却因为同事的挑拨疏远自己，于是就抱着随缘的心态对待她和木木的友情。木木有了一种被忽略的感觉，于是当着青灵的面说青灵虚伪，还说自己一相情愿把她当朋友，结果在她眼里一文不值……

　　后来因为一些事情，木木离开了这家公司，直到临走，都没有和青灵说一句话。因为青灵的沉默，两个人的友情就这样结束了……

　　本来青灵可以为自己辩解的，可以为自己的友情争取的，但是就是由于自己的沉默，才让木木最终产生误解，才会让木木体会到一种被忽视的感受，两个人的友情也在沉默中结束。其实在我们的生活中有很多的人，总觉得沉默是金，只要懂自己的人，不管发生什么事情都不需要去辩解，他们也会明白。可是我们不知道其实人都是脆弱的动物，尤其是面对感情方面的事情的时候，他们会猜测，很容易就去听信别人的话，如果我们总是以沉默去应对，那么很可能这样的沉默会让我们的感情负重，也会让我们的心灵负重。

欣儿跟晨晨在大学是一对无话不谈的好朋友，她们总是有说不完的话，都喜欢买好看的衣服，吃一些高热量的零食。她们很庆幸自己一路走来总是有对方陪着，在毕业后她们被分配到了同一家公司，在同一个部门，当然也同住一个宿舍，她们的感情就更好了。

虽然两个人的关系一直很好，不过朋友之间有点小摩擦也是常见的事情，但是这次两个人却闹得很僵。老是笑眯眯的欣儿脸上失去了惯有的笑容，面对晨晨的时候甚至有点阴阳怪气；晨晨也一改往常轻易赔不是的性子，对欣儿的阴阳怪气也嗤之以鼻，不闻不问。久而久之，欣儿对于晨晨的不理不睬就有了气，于是事事就针对晨晨，而晨晨也就心里更加难受，对欣儿更加失望。这时候正好其他部门缺人，说要抽调一个人过去，于是晨晨因为赌气，就主动请调。直到她搬走的那一天，欣儿也没有主动和她说话，她也没有妥协，于是她们之间的友情就这样在双方的沉默之中搁浅了。

其实不管是在我们的感情世界里还是在我们的工作生活中，我们都不应该事事都用沉默去应对，也不能总是用沉默去驱除一些麻烦。因为很多时候的沉默并没有任何的意义，只会把我们的心灵推入万丈的深渊，只会拉开我们与别人之间的距离，也只会让我们在孤独与寂寥中面对世间的一切。

如果在生活工作中我们不想让那些无端的情绪牵累自己的心灵，不想让那些孤独与寂寥主导自己的感情，我们就要学会适当地表达自己的思想，适当地去说出自己的想法，在有些事情上学会给自己辩解，让自己的情绪得以正常的发泄。这样我们就不会把想法以及一些怒气积压在自己的心底，就不会因为那些积压的东西每天喘不过气来，更不会让自己活得那么沉重。

♡ 灵 寄 语

有时候沉默并不是金，沉默也不会给我们免去太多的麻烦，更不会让我们的生活轻松，反而会让我们的心灵负重。所以在我们的人生中不要总是沉默，也不要总是用沉默去应对所有的事情，必要的时候我们要学会表达自己的思想，表达自己的感情，这样我们才有可能走得更轻松。

4. 少一点失落，我们会更幸福

人的一生必定会经历这样那样的失意和失落，难免会让人感觉到痛苦难受。但是每个人都有缺点，毕竟我们不是先知或者圣人。面对人生的种种，少点失落，我们会更幸福一些。

有人说，人就是为了受苦才来到这个世界上的，等到苦难满期的时候也是生命即将结束的时候。众所周知，人生一世，难免要经历失落，被人误会、被人嫉妒、被人非议、被人冷落。每当我们遭遇到这些的时候，千万不可太在意，只要将这些当做是人生中必须经历的考验，少一点失落，那么我们就会坦然许多。将其痛苦仅作为生活中的一段经历，淡然一笑，就会成为过眼烟云。

人生不如意事十有八九，只要看淡了、领悟了，就会拥有幸福的生活。面对失落和痛苦,我们没必要将其放大,他人的任何话语,终究只是他们自己的观点,我们无需将那些话语纳入自己的人生,也无需在乎那些人的指指点点。少一点失落,就会多一些幸福。只要我们学会放开,学会看淡。

有一个女孩用整整一个月的薪水买了一件自己心仪已久的新衣服。穿上新衣,她愈发光彩照人。看到别人惊艳的眼神,她心中充满了自信,工作也有了长足的进步。

可是有一天,她忽然发现衣服上的一粒纽扣不见了,那是一种形状很奇特的纽扣,她翻遍了整个衣柜,也没能找见,便匆匆地换了一件衣服去上班。到了公司,她觉得每个人看她的眼神都怪怪的,看来没有了那件衣服,自己仍然是一个极平凡的女孩。她一整天工作都打不起精神,没有了平日的自信,头脑中总是想着那件衣服。

下班后,她又在家里仔细寻找了一遍,依然没有找到那粒纽扣。便感觉到十分失落,什么事都不想做。忽然,她想到为何不去商店里看看呢?也许可以买到呢!她兴奋地冲出家门,可是几乎跑遍了大小商店和制衣店,都没有卖那种纽扣的,她的心情暗淡到了极点。

从此,那件衣服便被束之高阁。女孩初穿它时所带来的自信与热情已经无影无踪,上班也老是提不起精神。

一天,她的一个朋友来访,偶然看到那件衣服,便惊问:"这么漂亮的衣服你怎么不穿呢?"她对朋友说:"你看,扣子丢了一枚,又买不到同样的。"

朋友笑着说:"那你可以把其他的扣子都换了嘛!那不就都一样了吗?"女孩闻言大喜,于是选了她最喜欢的扣子把其他的扣子都换了,衣服又美丽如初,而她也重新拾回了灿烂的心情。

看了以上的事例，我们不难联想到，我们常常会因为一些小环节而放弃一整件事，也会常常因为放弃了一件事而使自己的心情变得失落，让生活变得暗淡。就好像故事中的那个女孩因为丢失了一枚扣子而放弃了美丽的衣服，从而也放弃了美好的心情、乐观的生活态度。在生活中，如果我们能告诫自己少一点失落，用一种全新而积极的心态去面对一切，用笑容和开朗去补缀缺失，那么生命就会变得完美而无悔，生活也会充满幸福。

"不以物喜，不以己悲"，少一点失落，就会为我们的生活染上美丽的七彩；少一点失落，就能够让自己多一些欢乐；少一点失落，人生就会多一份幸福。我们知道，很多时候我们是无法左右一件事情的发生的，但是我们可以左右自己对待事情的态度：那就是少一点失落。以下有几点小建议，希望能帮助大家在面对事情的时候，减去少许的失落。

1. 斗转星移，遇到坏事往好处想

有句话说"态度可以影响人的一生"，欢乐之神不会长期眷顾某一个人，所以我们难免会遭遇到不快乐。遇到坏事的时候，不要一味地只往坏处想，我们应该学会转变一下自己的思想，试着往好处想。比如"大难不死，必有后福""祸兮福所倚"，有了这些观点，那么整个人的心态也会跟着转变，当然生活也会随着态度的转变而变得轻松快乐。

2. 破釜沉舟，既然事情发生了就静观其变

任何事情都有自己既定的发展途径，我们根本无法阻止，所以既然事情发生了，不妨抱着破釜沉舟的心态任其发展下去。想想最坏的结果也不会坏到哪里去的！与其因为其过程闷闷不乐，提心吊胆，倒不如放任其不管，等到落幕的时候再看看这件事情，就会觉得情况并没有自己想象的那么糟糕，那么那些之前的失落也就很不

值得了。

3. 柳暗花明，丢开失落，幸福就会前来叩门

"山重水复疑无路，柳暗花明又一村"，厄运过去好运自然会来到，这是符合自然规律的。丢开那些不该抱持的失落，以一种乐观的心态去对待遇到的事情，以一份豁达的心态去面对人生中的起起落落，那么我们就不会感觉到自己的生活乏味而沉重，幸福的感觉也就会出现。

因为一件不如意的小事，而放弃自己美好的心情，这其实是一件很亏的事情。我们的生命中有许多美好的事情，需要我们用心去体会，所以我们不能拘泥于一时的得失，让失落将自己缠绕起来，凡事要学会变通。我们的一生中，最重要的是我们的心情，只要怀有快乐的心情，身外之物就不会成为破坏我们幸福的杀手。

💬 心 灵 寄 语

我们总是觉得人生不如意，太多的事情让我们失落而痛苦。那是因为我们心中的牵绊太多了，这些牵绊就像是一种毒素，侵蚀着我们的人生，让我们不快乐。我们应该舍弃这些牵绊，少一点失落，那么我们的幸福就会多一点，人生就会轻松一点。

5. 减去牵绊，多一份坦然

在我们的人生中很多时候我们都缺少一份坦然，所以我们会觉得生活得很累。但是我们不知道，其实人生没有我们想象中存在那么多的烦恼，只要我们减去牵绊，多一份坦然，那么生活就会为我

们带来惊喜。

我们面对生活常常会禁不住感叹："人活着真累！""这样的日子什么时候才到尽头啊！""我这样辛苦到底是为了什么呢？""今天还有这么多的工作没完成，哎，晚上又不能睡觉了！""老板怎么回事，老看我不顺眼！"等等。似乎在一些不顺心的日子里，我们总感觉到自己活得很累，生活毫无乐趣可言。我们会不由自主地抱怨生活给予我们的磨难，会抱怨命运的不公，也会责怨上帝的偏袒。羡慕着他人的幸福，嫉妒着他人的好运，无法坦然地面对自己的人生。

那么什么是坦然呢？坦然是失意后的一种乐观；坦然是沮丧时的一种自我调整；坦然是来自平淡中的一份自信；坦然是面对人生百态时的一种潇洒；坦然是发自内心的一份快乐。

生活就像是一面镜子，当我们冲着它笑的时候它就回报我们以微笑，当我们对着它哭的时候它也会哭丧着脸面对我们。其实生活中的种种不顺心以及令我们痛苦的事情，很多时候是因为我们自己心态的原因，是因为对于一些事情我们始终无法释怀，遇到事情的时候看不开也看不淡，所以才会深陷在生活的痛苦中无法自拔，沉浸在悲伤中无法释怀。其实快乐很简单，只要我们在自己的胸襟中多藏一份坦然，在我们的意念里多一点淡定，那么我们的人生就可以充满鸟语花香，也能够被欢声笑语包围，并且我们还有可能在那份坦然中收获惊喜。

著名的发明家爱迪生在发明电灯泡的时候，先后做了 1500 多次试验都没有找到适合做电灯灯丝的材料。于是有人嘲笑他说："爱迪生先生，你已经失败 1500 多次了。难道你还要继续失败下去，等着接受众人的嘲笑吗？"

爱迪生并没有恼羞成怒，也没有因此人的话垂头丧气，而是十分坦然地回答那个人："您说的不对，我并没有失败，我的成绩就是发现了 1500 多种材料不适合做电灯的灯丝。"

事例中的爱迪生面对他人的讥嘲不愠不火，在面对失败的时候仍然能够以一份坦然淡定的心态去面对。由此我们可以知道，一个人能不能坦然地面对自己的失败，面对自己人生路上的挫折，与一些外在条件是毫无关联的，主要在于一个人的内心，在于他能否以一颗坦然淡定的心去面对人生。

所以，如果在我们的人生中，我们正经历着一些失败，并且遭遇到了一些挫折，或者我们的心灵因为一些事情而承受着煎熬，那么就不要再烦恼，也不要因此失望，更不能放弃，我们应该坦然去面对，去面对那些使人痛苦的挫折、失败和煎熬，因为减去牵绊，多一份坦然，这份坦然足以让我们重新找回对生活的希望。

我们不得不承认，在我们的生活中，有许多的成败与得失，并不是我们都能够事先预料到的，很多的事情也并不是我们都能够承担得起的。但是，只要我们努力去做，积极地去面对一切，只要能够求得付出后的一份坦然，其实这也算是一种快乐。

有这样的一些话，可以使我们面对生活的时候坦然一些。如，哭，并不代表屈服；让步，并不表示认输；放手，并没有宣告放弃。面对生活中的无奈，或许我们可以用泪水来宣泄自己的情绪，但是绝不能用泪水来表示自己的软弱；在与他人的争执中，我们可以做出让步，那是表明自己的一种宽容和豁达，而绝不代表自己就此认输；在对于事情的追求中，我们一时的放手，也不是宣告了自己的放弃，而是像对手宣言，这次的放弃是为了下次更好的得到。

"就命运而言，休论公道。"这九个字放在史铁生的身上，是一种令人心酸的契合。史铁生在 17 岁中学未毕业时就插队去了陕西一个极为偏僻的山村，一次在山沟里放牛突遇大雨，遍身被淋透后开始发高烧，后来双腿不能走路，回北京后被诊断为"多发性硬化症"，致使双腿永久高位瘫痪。20 岁便开始了他轮椅上的人生。

在最生龙活虎的 20 岁青春年华里，突然没了双腿，他的脾气也在一段时间里变得阴晴不定。在《我与地坛》中他写道自己曾逃避，几个小时呆坐在轮椅上想关于死亡的事，甚至动了离开人世的念头。直到想通了"死是一件不必急于求成的事，死是一个必然会降临的节日"，他才坦然了、从容了。

所以在以后的日子里，他发现了自己有很多的事情可以去做。他埋头写作，静静地思考，他把一部部作品献给读者，读者也向他投以敬意。他感谢上帝给他的一切，包括不健全的躯体，当然他也用他不健全的躯体谱写了他人生的辉煌。

对于人生的很多事情我们都参不透，也很难看开，当关乎自己生命的时候更是难以释怀。史铁生在他的人生遭遇了挫折，受到命运捉弄的时候，他也愤怒过，也抱怨过，甚至想过轻生。但是当他开始思考，想通了很多事情之后，终于决定用一种坦然的态度去面对人生，参透了生死，致力于写作之上，用一支笔，写出了自己对人生的感悟，找到了生活的希望。

现今，流光溢彩的世界不断吸引着人们的眼球，使人们将更多的注意力放在物质上，以至于让自己的心灵变得空虚而浮躁。该如何摆脱那些让我们困惑和不快乐的事，寻求一种内心的平静呢？最好的办法就是减去那许多的牵绊，让自己的心中多一份坦然。

心 灵 寄 语

"天空留不下我的痕迹，但我已飞过。"其实，这就是对坦然最好的诠释。面对五彩缤纷的现今社会，我们应该放下那些牵绊和计较，让自己的心中多一份坦然，这样我们的生活也会多一份快乐。

6. 打开那扇门就能看到阳光

"世界上并不是缺少美，而是缺少发现美的那双眼睛。"很多时候我们总是喜欢将自己的心灵之窗关闭起来，或者无意中开错窗户，以至于忽略了身边的美景。其实，我们没必要太过执著，只要计较少一点，打开另外一扇门就可以看到阳光。

如果我们关着门，那么阳光就永远不会照进屋子，而占驻满屋的只有无边的寒冷和孤寂。关闭了心灵之门，我们所渴望的便永远不会属于我们，陪伴我们的只会是无边的压力和窒息的黑暗。要想自己的生活不再被黑暗占驻，要想自己的梦想不再成为虚幻，那么就打开心灵的另一扇门吧，让阳光温暖我们的心灵，温暖我们的人生。

打开那扇门就能看到阳光，打开那扇门便会拥有很多的爱。有人将爱比作阳光，其实这是一种很恰当的譬喻，阳光只要有一丁点儿的空隙，便会毫不犹豫地进驻，爱也是这般，爱是无所不在的，只要我们愿意在自己的心灵上为其留下一缕缝隙，它就会毫不犹豫地温暖整颗心。爱并不是天空中的云彩，也不像夜空中的星星那般不可触及，只要我们愿意打开那扇关闭已久的心灵之门，生活中的爱便会一个一个争先恐后地往我们的心里跳，让小小的心灵因为这些爱而温暖、柔软。

打开那扇门，便会拥有很多的快乐。爱尔兰著名作家萧伯纳曾经说过："如果你有一种思想，我有一种思想，彼此交换，我们每个人就有了两种思想，甚至多于两种思想。"快乐和爱就像他所说的这种思想，只要相互交换，一个快乐就会变成更多的快乐，一个人的爱也会变成许多人的爱。一味地孤芳自赏，只会让我们成为不知天高地厚的井底之蛙，因为从来没有经历过与人同乐的滋味，所以只会沉浸在自己一个人的情绪之中，即使当时真的很快乐，但是那种快乐也是短暂易逝的，而后留下的只是寂寞和孤独。所以如果我们不快乐了，那么就打开心灵的另一扇门吧，让爱的阳光带着温暖的快乐洒在我们的心间吧！

在美国的一所乡村小学里，有一个小男孩老是遭到其他学生的嘲笑，因为他天生就长了一个奇丑无比的大鼻子。小小的他，因为同伴们的嘲笑而变得自卑，苦闷、抑郁和孤僻深深地占据了他心里，他不喜欢和同学交往，不愿参加任何集体活动，总是独自一个人趴在教室的最后一扇窗户上看风景。他的老师发现了他的忧郁，于是在课间来到了小男孩的身边，柔声问他在看什么？小男孩悲伤地说自己看到一些人正在埋葬一只可爱的小狗。于是女老师拉着小男孩的手来到另一扇窗户边，然后深情地问小男孩看到了什么？窗外是一大片争妍斗艳的玫瑰花，生机勃勃，芳香四溢，沁人心脾。小男孩的悲伤顿时一扫而光，他告诉老师自己看到了美丽的玫瑰花。

老师轻柔地抚摸着小男孩的头告诉他，其实他的鼻子在老师看来是最可爱的鼻子。小男孩委屈地将自己因为鼻子而受伙伴嘲笑的事情告诉了老师，老师告诉他，那是因为他没有将自己鼻子最可爱的一面展示给众人看，没有将真实的自己展现在众人的面前，只要他愿意打开心灵的窗户，那么那个鼻子就是最可爱的鼻子，也是最讨人喜欢的鼻子。

后来，在老师的鼓励与指导下，小男孩鼓起信心和勇气参加了学校的一个小型话剧演出，在那次演出中他取得了很大的成功。因为他的大鼻子，人人都记住了这个校园里的小明星。从此，他一发而不可收，最后成了好莱坞最受欢迎的明星之一，20世纪美国最著名的滑稽明星之一。这个小男孩叫斯格特。

从这个故事我们可以看出，只要我们愿意打开心灵的那扇门，用心感受身边的人和事，我们就能够发现其实爱就在我们身边，时时刻刻环绕在我们的周围，等待着我们去发现。或许是因为生活的压力太大，以至于我们的情感变得日益麻木，所以有很多人不想也不愿意打开自己的心灵之门，他们不想自己在毫无遮掩之下就暴露在他人的面前。殊不知他们的想法也正是许多人的想法，自己不愿意付出爱，却总是抱怨社会太冷漠，生活太残酷，人们太自私。其实爱是相互之间的，是能够用来交换的，以爱换爱，我们若想要感受到别人的爱，就先要打开自己的心灵之门去接受爱，或者是先对他人付出爱。

关注身边的人和事物，在自己还拥有他们的时候好好珍惜，不要等到错失了，再去后悔。我们总是喜欢看向远方，总是觉得只有远方的景色才是最好的，只有他人拥有的东西才是最美好的。我们觉得别人生活得很快乐，别人却一直在羡慕我们的生活，能不能得到爱，能不能生活得快乐，最终只是在一念之间，只要我们愿意打开心灵的那扇门，敞开自己的心扉去感受爱，去接受爱，那么原本觉得枯燥无味的事情也会变得有趣，而生活也不会再像是一副重担，压在我们的身上。

关闭了心灵的那扇门，受伤害最深的往往是那些在我们身边默默关心我们、爱我们的人。打开了心灵的那扇门，我们的爱就好像是阳光，使那些我们最亲近、最关怀的人感受到温暖。关注自己身边的人，注意到自己身边的快乐，放开那些不该存在的牵绊，不要再去计较太多的得失，用自己的心灵去和生活对话，这样我们的生活才会更轻松快乐，而我们的心灵也会更加美好。

♥ 心 灵 寄 语

如果我们愿意打开自己心灵的那扇门，就会发现我们其实没有必要生活得那么累；只要我们愿意用心去感受，就会知道爱一直围绕在我们的身边。拔去心中的牵绊之毒，放下心中的计较，我们就可以见到生活中的阳光，幸福快乐地生活。

7. 少一些抱怨，心灵会更轻松

生活中的琐碎是我们无法避免的，很多时候这些琐碎会让我们感到疲累，让我们对人生充满抱怨，甚至对生活失去信心。但是千万不要让抱怨将自己牵绊，少一些抱怨，我们的心灵就会更轻松，生活会更美好。

"烦死了，烦死了，天天都是这样子，我真的不敢想象自己的一辈子就要这样度过！"大概很多人面对生活中的种种烦恼的时候都会有这样的抱怨吧。确实，有时候生活就好像是故意在和人们作对，总是状况百出，偏偏不让人们顺心顺意。不仅让我们的身体觉得沉重无比，更为我们的心灵带来了难言的痛苦。其实面对生活，我们应该少一些抱怨，这样我们的心灵才会更轻松一些。

很多时候，我们都会觉得生活似乎本来就是这样子的：每个人每天都在毫不间断地重复着每一件事情。这种日复一日的重复，随着时间的推移让我们的生活变得毫无激情，当然我们也在所难免地会产生这样那样的抱怨：抱怨老天的不公平，抱怨世事的难以预料，抱怨其他更多的不尽人意……那些抱怨聚集在一起，不仅将我们的身体禁锢，甚至把我们的心灵也深深地打入寂寞之中。在抱怨中我们看不到生活中的任何希望，也感受不到人生的意义。

走不出抱怨的牵绊，我们是无法感受到生活中的幸福甜蜜的。就是因为我们计较的太多，牵绊的太多，以至于让抱怨侵蚀了我们的人生。只要我们肯放下，坦然地去面对生活，将爱心和耐心投入生活之中，生活就会回报我们快乐。

小雯最近老是觉得自己太不顺心了，每句话出口总是带着些许抱怨。在公司：我一直勤勤恳恳地上班，工作也没出现过什么差错，为什么我总是受不到上司的表扬，升职加薪的好事总是与我无缘呢？这世道真是不公平……在家里：都说这男人婚前一个样，婚后一个样，真的是这样子的。结婚前，他对我真是百般呵护，千依百顺，处处顺着我的意；这婚后怎么就完全变了呢？一下班只顾着自己玩游戏、看电视，从不过问我累不累，也不知道给我倒一杯水……

因为人生的种种不如意，小雯感觉自己受不了了，于是找姐妹陶清芳倾诉了自己的苦闷。谁知清芳却对她说："小雯，你为什么要让自己陷入抱怨之中呢？其实你已经很幸福了，有一份待遇很不错的工作，有一个又能挣钱长得又帅气的丈夫，为什么你还要抱怨呢？你的生活真的有那么糟吗？"小雯听着却怔住了，是啊，自己的生活真的有自己抱怨的那么糟吗？在公司，虽然不曾加薪升职，可是薪水一直很优厚，时常还能赚点小外快呢！家中老公虽然喜欢玩游戏，但是至少两个人在一起，伤心的时候也可以得到他的安慰啊！我到底是在干什么啊？

于是，小雯决定不再抱怨。当她不再抱怨的时候，却发现自己的生活一下子轻松了好多，工作起来充满了精神，老公虽然不如婚前那般对自己殷勤有加，但是依然很可爱。小雯觉得自己是幸福的，她的心中也充满了阳光般的温暖。

从上面的故事，我们不难看到，一旦人的心陷入无休止的抱怨中，生活给与我们的就会是不如意，我们就会在抱怨中不断去缅怀往昔的日子，甚至甘愿将自己停顿在这些回忆中，不愿面对现实。但是我们又很清楚，即使我们再抱怨，时间也不会为我们而停留，发生的事情也不会因我们的抱怨而改变，我们只有乐观地面对一切，走出抱怨的阴影，才能让自己活得轻松惬意一点。

我们既然选择了这样的生活，就应该相信它一定有可取之处。我们应该想到，我们起早贪黑地奋斗，在不断地拼搏之下，经历了数不尽的竞争之后，才得到了今天的生活。为了今天的生活，甚至很多人都搭上大半的青春和时间。生活虽然琐碎点，其中难免会有很多的不如意，但是在这些琐碎和不如意中也有欢乐，只要我们愿意少一点抱怨，走出牵绊的羁旅，那么我们照样可以生活得很轻松、很幸福。

那么如何走出抱怨的阴影，让自己拥有轻松的心灵呢？有几条很简单的建议：

1. 人生不如意事时有发生，遇到的时候坦然一些

"人有旦夕祸福"，我们的生活总会有不尽人意的时候，真正遇到一些不如意的事情，不妨坦然一点，看开一点，我们就不会那么容易陷入不断地抱怨之中了。没有了抱怨，不管是对自己还是对他人来说，都是一件好事。

2. 将不如意看作是磨炼自己耐心的工具

人生何处不能历练，为了使自己不断变强，让自己的耐心升级，将生活中的不如意之事当作一种磨炼耐心的工具是再好不过的了。相信我们每个人都是见识过生活中的不如意之事带来的种种郁闷和烦恼

的：父母令人发狂的唠叨，办公室中八卦好事者喋喋不休的闲话……很多很多，让我们心生不安，让我们总想抱怨几句，也考验着我们的耐心。所以，要想走出抱怨的阴影，就先磨炼好自己的耐心，只要有足够的耐心做到视而不见，听而不闻，相信抱怨自然会离我们远去。

3. **将抱怨当作一面镜子，让自己的人生更完善**

将抱怨作为镜子，这不是摆明着说瞎话吗？谁说的，我们之所以抱怨，是因为前后生活产生了反差，我们完全可以在抱怨的内容中找出症结，做一些适当的调整或者补偿，让自己的生活变得如意起来。

看了以上的这些建议，我们可以看出，其实能否走出抱怨的阴影，让自己的心灵变得轻松一些，完全在于我们自己面对人生的态度。只要我们愿意，少一些抱怨，摆脱一些牵绊，生活中的一切都会变得美好起来。

心 灵 寄 语

少一些抱怨，不要让抱怨将自己变得可恶，更不要将自己埋在牵绊和斤斤计较中。生活其实很美好，灵魂只有及时清洗才能洁净无尘，摆脱生活中一些不该承担的负荷，让我们的心灵在自由呼吸的同时享受生活带来的幸福。

8. 适时地为心灵清除垃圾

我们到底应不应该时常为自己的心灵清扫一下垃圾呢？可能有人会问："人的心灵上怎么会有垃圾？"难道那些藏在我们心灵之中

的不愉快和悲伤痛苦的事情不能算是一种心灵垃圾吗？只要是阻挡或者影响我们追求幸福快乐生活的念头或者记忆都算是一种"垃圾"，我们应该及时地将其清除掉，只有这样我们的心灵才能够自由地呼吸。

为什么有很多人都喜欢清扫自己的房间呢？那是因为他们喜欢房间被清扫之后焕然一新的感觉，因为多余的东西都被去除了，眼前清净了，心里也就清静了。其实我们的心灵也一样，是需要适时地清扫的。不能把所有东西都扔掉，但也不能把任何东西都留着。一个人心事太多，就会走得很累；完全没有一点心事的人，又会显得毫无头脑。懂得生活的人，是善于取舍的。适时地为心灵清除垃圾，我们的灵魂就会洁净很多。

有句话说："生命里填塞的东西愈少，就愈能发挥潜能。"清扫心灵是一个充满挣扎与奋斗的过程。人生就是一个不断挥手的旅程，伤心人要想快乐就必须告别伤心地，要想生活得轻松惬意，就必须清除心灵上的垃圾……没有告别，就不会有成长；没有清除，就不会懂得坚强；学不会转身，就无法继续前进。没有人不喜欢微笑，但是很多的不如意却让人烦躁不安，很多不快乐总喜欢萦绕在人们的心头。这些不如意和不快乐，就像是一种"垃圾"，日积月累，直到有一天成为人生中的负担，如果不及时清扫掉，就会带来严重的危害。

适时地清扫心灵，给自己一个更广阔的世界，让心随时能做个深呼吸，是一件多么美好的事情啊！将有些人或者事情长存心中，它就会影响到我们的判断，使我们难以开怀，甚至会影响我们的心情。生活中，房间不时常打扫就会布满灰尘，那么心灵的房间如果不定期清扫，当然也会积满灰尘。

我们每天都会经历很多的事情：重要的、不重要的，但是每一件都会在心里安家落户。心里的事情一多，全部挤压在心底得不到适当的释放，就会造成心理压力和烦恼，而这些压力和烦恼就是我们心灵的"垃圾"，如果这些"垃圾"得不到及时的清除，就会使我们心里变得灰暗迷茫。所以，适时地为心灵清除垃圾，将心里的压力、烦恼、忧愁等负面的东西统统从心灵里驱逐出去，才能使我们黯然的心灵变得亮堂，也才会使心灵有足够的空间容纳更多的快乐。

程明最近觉得自己的压力很大，原来他新跳槽到了一家大型企业公司，与原来的小公司相比，这边的管理制度以及对员工能力的要求都大大提高了不少。初来乍到的程明，感觉到了很大的压力，他还习惯用以前的工作方式在这边上班，但是却发现自己有点力不从心，于是非常苦闷。

令程明惊奇的是，和他一起跳槽来的小曹来到这边却适应的很快。于是程明向小曹取经，小曹告诉他，只要及时清除心灵上的垃圾，就可以在这家新公司如鱼得水了。在程明的详细询问下，才知道小曹所谓的清除心灵上的垃圾，指的是忘记过去在小公司的工作模式，找到适应新公司的工作模式。只有不受往事的影响，才能够找到最新的生存方式。于是程明决定放弃过去在小公司的那种贪图安逸的心态，全心全意投入新工作，果真一个月不到，程明就能适应新工作了，甚至更加喜欢现在这种忙碌却充实的生活方式了。

心理压力大，为琐事烦恼是我们很多人无法保持良好的工作状态的主要原因。的确，在这样一个竞争激烈的社会，谁都会有压力和烦恼，但是面对这些，我们更应该做的是适时地为心灵清除垃圾，放下压力与苦闷，不要让它长时间充斥在心中，才不至于让它成为我们发展的阻力。那样我们的生活也会轻松快乐很多。

❤ 心 灵 寄 语

存在心间的往事就好像是我们端水，一碗水其实不怎么重，但是端得太久就会觉得乏力。所以我们应该适时地为心灵清除垃圾，释放心灵间的所有不快，这样我们才能够轻装上阵，更好地迎接新生活的到来。

第二章 心灵浮躁多伤痛，坦荡宁静享太平

　　由于当今社会不断增加的压力，致使我们的生活不仅浮躁不安，连我们的心灵也充满了伤痛。我们总是有很多的牵绊，总是难以找到适合自己的位置，无法拥有心中的一份坦荡，也无法享受生命中的宁静。难道我们真的就甘心一直这样生活下去吗？当然不甘心，那么我们就要学会改变，首先不做自己心灵的刽子手，一些小事，就没必要去计较，多一点退让，对人宽容一点。只要多为自己的生活做做减法，我们就可以生活得幸福。

1. 不要成为自己心灵的刽子手

　　我们总会被生活中的沟沟坎坎给牵绊，也会因为一些现实的残酷而高举白旗，于是自我改变，强化心灵就变成了我们人生中最重要的事情。不做自己心灵的刽子手，让我们的心灵不再浮躁，安享生命中的宁静。

我们总是在谈论生活，那么生活到底是什么？如果将生活形容成一条路，那么它一定是一条布满泥泞，充满曲折和坎坷的路，让行走在其上的我们饱受磨难和煎熬；如果将生活比做一种饮料，那么咖啡是最恰当的，因为生活总是喜欢让我们先尝尽苦难所带来的苦涩之后，才愿意将幸福带来的甘甜奉献出来。我们要想在生活这条路上平安走过，想尝到幸福带来的甘甜，那就必须用心去感受生活，用心去面对生活，当然一定不能成为自己心灵的刽子手。

心灵的刽子手会让自己的心灵沉没在黑暗和绝望中，他们对生活抱着一种得过且过的态度，没有什么梦想，更不会为了梦想而去奋斗。他们的心灵就像是一潭永远起不了波浪的死水，这样的人，他们无形中伤害了自己的人生，也包括自己的心灵。美好的心灵是喜欢自由地飞翔的，它们喜欢为自己的人生活出一种精彩。这种精彩，并非是用数不尽的鲜花和热烈的掌声来证实的，也不用铺着红地毯的台阶来证明，这是一种不断进步、不断追求的过程，经历了失败和打击的洗礼，一点点积累、沉淀，最终升华为一种丰富的人生体验和经历。这种飞翔，让人的心灵也跟着颤抖。

有个叫做杰克的美国小伙子，一次他听人们说在非洲的一个小岛上，那里的泥土中含有丰富的金矿，有许多人都到那里淘金去了。这可是个发财致富的好路子，在朋友的劝说下，杰克也混在那些淘金者的行列里，开始了自己的致富梦。

但是那个小岛上的情况却令人失望，那里根本没有传说中那般富含金矿，再说去淘金的人太多了，根本就不会有财富可言。前去淘金的人看到这样的情形之后一个个都失望而归。但是要去这个小岛，就必须渡过一片海，所以必须有船只运输，杰克看着海的另一头，他真的很想过去看看，海的对面是一个什么样的城市呢？自那以后，杰克几乎每天都做着穿越大海的梦，他感觉自己的心灵就像是长出了翅膀，每时每刻都在催促着他行动。

终于，有一天，杰克打听到有一艘货船要经过这里，驶向遥远的海的那一头。他带着满心的希望登上了那艘货船的甲板，为了他的梦想，为了完成心灵的愿望，他毫不犹豫地离开了自己的家乡和亲人。

几年之后，杰克回来了，他已经是一个有钱的富翁了，他所拥有的一切让家乡的人们羡慕。而他也知道了生活主要在于奋斗，只要勇敢地尝试了，生活就会给人们机会。而拥有一颗渴望自由，希望飞翔的心灵更是人生中最值得珍惜的。他很开心他没有成为自己心灵的刽子手，以至于他体验到了无比精彩的人生。

每个人都希望自己的生活轻松一些，不在压力的影响下变形；也希望自己的心灵能够自由地飞翔，在飞翔中享受生活带来的快乐。都说追求是无限的，人的欲望也是难以满足的，但是生活是轻是重，主要还在于自己的心灵，只要我们不做自己心灵的刽子手，就有可能过上别人艳羡的幸福生活。

那么我们怎样做，才能不使自己成为心灵的刽子手呢？大家可以参考以下的几点小建议：

1. 拒绝沉湎于过去，活在当下

在电影《功夫熊猫1》中一句话说得很好："人们不能活在过去，过去对我们来说已经成为历史；人也不能活在未来，因为未来还很神秘。我们唯一能够把握的就是今天，只有珍惜今天才能够幸福。"所以真正懂得生活的人，他们既不会沉湎在过去当中，也不会让自己陷入对未来的幻想当中，他们选择活在当下。

2. 不为琐事迷惑，心中自有主次

每个人都渴望着成功，但是我们知道成功需要投入。几乎每天我们都会面对许多错综复杂的事情，这些事情占据了我们生活中大

量的时间。有些时候，我们明明花费了大量的时间，做了很多事情，但是却对于我们的成功帮助甚微。为了避免类似事情的再次发生，我们必须懂得：学会区分事物的主次。只有这样，我们才能够使自己的心灵不被琐事所迷惑，我们距离成功也会越来越近。

3. 不将苦难归咎于他人

"所有的不快都是自己的不快，所有的快乐也都是自己的快乐"。所以，喜怒哀乐是源自我们内心的真实感受，与他人根本无关。所以我们遇到不快乐的时候，也没必要将过错归咎在他人的身上。自己的路只有靠自己来走，时间是自己的，生活也是自己的。不怨天尤人，用心认真对待生活中所遭遇的一切，生活也会回报我们除了悲伤以外的东西。

按照以上的三点时常提醒自己，相信我们可以避免成为自己心灵的刽子手。其实生活也很简单，我们追求的快乐和幸福也很简单，只要我们懂得打开自己的心灵之门，真心地去感受并接受生活给予的一切，认真地去过生活，那么生活也会认真对待我们的付出。

心 灵 寄 语

"心灵浮躁多伤痛，坦荡宁静享太平"，我们在乎的太多，牵绊的太多，无意中扮演了自己心灵刽子手的角色。其实我们应该学会坦荡，认真地去面对自己的人生，只有这样我们的心灵才能享受到宁静，而我们的生活也会轻松许多。

2. 少一点计较，多一点退让

两个人相处难免会出现这样那样的摩擦，这是十分常见的事情，我们无需太过认真。少一点计较，多一点退让。这样不仅可以表现出我们的宽容大度，同时也会使自己的心灵少去浮躁，享受到宁静。

按照一般的常理，任何人都不会把过去的记忆当做流水一样地抛掉。很多时候，人们会将一些过去的小事情深记在心，甚至终生难忘。但也正因为如此，人们才会发现另一种人生的智慧：为人处世要心胸豁达，少一点计较，多一点退让。要在生活中学会"以忘记旧恶为退，以宽容过错为进"。

如果我们多留心一下，就会发现世界上的许多悲剧，都是因为人与人之间不肯相互退让而造成的。然而他们之间的矛盾，其实大部分都是由一些"小事"引起的，人与人之间的很多恩怨都没有大到"生死攸关"的地步，有时候甚至是一样的事情，只是有一些细节上的不同罢了。人人都有其优点和缺点，所以遇到事情发生矛盾的时候，应当以己心来忖度他心，多站在对方的角度上想想，多一点退让，少一点计较，这样我们的生活就会和谐很多。

宋代的高僧慈受禅师在《退步》一诗中写道："万事无如退步人，摩头至踵自观身，只因吹灭心头火，不见从前肚里嗔。"这首诗的大意是劝世人在受到别人伤害或吃亏的时候，不要立刻就发火或者生出报复之心，而是应该反观自身，想想这件事到底是因何而起，自己有没有过错，如果发怒之后，又会有什么样的结果？若不生气又会有什么结果？这样孰是孰非就会很清楚，心头的怒火自然也就慢慢消退了，而两个人之间的矛盾也就不再那么尖锐了。一旦我们能够心平气和地去面对现实，自然就可以找出化解矛盾的良方，当然一场可能发生的争吵或灾难，也就这样被无声无息地大事化小，小事化无了。这未尝不是一件好事，相信这样的结果也是我们最希望看到的。

人们之所以总是对自己经历的痛苦念念不忘，目的是为了防止同样的事情再度发生；但如果一直将过去的伤痛累积起来反复回味，那就永远都走不出伤感的阴影，久而久之，人就会被伤心的眼泪所淹没，心胸也变得日益狭隘起来。一旦放下那些不愉快的往事，打开心灵，宽容一切，能够做到得饶人处且饶人，生活就会焕发出新的契机。所以退让是一缕清风，一旦我们真诚原谅，就无需用折磨自己来惩罚别人。倘若能够坦然应对生命之路中的每一个陷阱，我们就可以融化他人脸上的冰雪，迎来生机勃勃的春天。

退让并不代表懦弱，也没有宣告自己的胆怯，更不是一种无能的表现，而是一种坦然和释怀，放下计较，"本来无一物，何处惹尘埃？"舍弃、放下、再忘记，把所有俗事杂念都抛诸脑后，那么我们不管走到哪里，都会成为受欢迎的人。

在林肯竞选美国总统前夕的一次议会演说上，遭到一个参议员的羞辱，那个参议员说："林肯先生，在你开始演讲之前，我希望你首先记住自己仅仅是一个鞋匠的儿子。"谁知林肯非常淡定地说："我非常感谢你使我记起了我的父亲，虽然他已经过世了，但是我一定会记住你的忠告，我知道我做总统无法像我父亲做鞋匠那般做得好。"顿时参议院陷入了一片沉默。林肯转过头来对那个傲慢的参议员说："据我所知，我的父亲以前也为你的家人做过鞋子，如果你的鞋子不合脚，我可以帮你改善它。虽然我不是伟大的鞋匠，但我从小就跟我的父亲学会了做鞋子的技术。"然后，他又对所有的参议员说："参议院的任何人都一样，如果你们穿的那双鞋是我父亲做的，而它们需要修理或改善，我一定尽可能的帮忙。但有一点我可以肯定，父亲的手艺是无人能比的。"说到这里，所有的嘲笑化作了真诚的掌声。

有人批评林肯总统对待政敌的态度："你为什么试图让他们变成朋友呢？你应该想办法打击他们，将他们彻底消灭才对。"林肯总统温和地说："我们难道不是在消灭政敌吗？当我们成为朋友时，政敌不就消失了吗？"这就是林肯总统消灭政敌的方法，他用自己的宽容和退让将敌人变成朋友。

我们大概都听过这样一句话："吃亏是福。"这句话的真正内涵就是告诫人要懂得退让之道，要学会宽容。"忍一时风平浪静，退一步海阔天空"，用坦荡洒脱的态度对待他人，就等于给自己送了一份价值不菲的礼物。真正的退让是宽容，是真诚，是出乎自然的，不含丝毫的强迫意味。因此，没有比懂得退让的人更强大和自豪的了。也因此退让成为人性中的一种美德，超越于狭隘、自私、顽固之上，以一种昂然的姿态让思想龌龊的人望尘莫及。

心 灵 寄 语

生活中少一点计较，多一点退让，生命就会多一份空间和爱心，心灵就会多一份温暖和阳光，而我们前行的路才会更宽广。也只有能够在生活中退让自如的人，才能站在高处，俯视尘世，看破三千繁华后获得一份坦然，静享清明世界的一片宁静。

3. 不要让小事折磨自己

不要让小事折磨自己，不要让小事绑架自己的脑袋，也不要用负面的情绪折磨自己！人生一世应该活得快乐、坦然一些。放开牵绊，我们的心灵才能够享受到生活中的乐趣。

大多数的失败都来自于我们的错误与怠惰心态，因此才会让自己错失许多的良机。人的一生中，可以说机会是无处不在的，即使是在山穷水尽的时候，只要我们稍稍改变一下心态，寻找并把握住眼前的机会，就能走出面临的绝境，让人生又出现柳暗花明的曙光。我们何必用小事折磨自己呢？进步源自在坦然的心态中总结自己，努力也不忘享受生活。有很多烦恼表面上看上去很大很棘手，抽丝剥茧之后就会发现其实不过如此，关键在于我们自己，在于我们的心灵。

爱自己，就不要为小事折磨自己。在生活中，有很多人的心态时常会被一些小事困扰，甚至折磨得头晕眼花，结果无心做自己本该做的事情，这种人最后大都会留下一大堆的叹息和悔恨，甚至是一大堆的伤感。面对人生，面对生活，正确的心态法则是：不要让小事折磨自己，培养一个开朗、大度的心态。

我们之所以对小事缺乏足够的承受能力，只证明了这些小事对我们来说并不是什么小事，反而是我们生命中极为看重的东西。但是，如果我们的确认为这些都是小事，而又无法摆脱这些小事的烦恼的时候，那么，只证明我们还没有把所有的精力集中在我们认为重要的事情上。因此，面对生活中的种种烦恼，我们首先应该问自己："这真的是我生活目标中至关重要的事吗？我值得为此付出大量的时间和精力吗？"当我们集中精力追求梦想的时候，生活中的烦恼便会减少许多，因为追求梦想其实就是一个实现自我价值的过程，而身边的那些所谓的烦恼也就显得微不足道了。所以，每天坚持挤出一些时间来发展自己的个人爱好，是抛开生活烦恼，享受生命的极好方法。

不让小事折磨自己，在遇到事情的时候，分得清主次，这样才不至于自己被烦恼所困扰。很多时候，并不是一些琐事在折磨我们，而是我们计较的太多，以至于让自己成为折磨自己的凶手。看开一些、坦然一些，那么我们就会获得更多的快乐。

在一个温暖的星期天早上，一位父亲教他5岁的儿子使用剪草机，父子俩正剪得高兴，忽然电话响起来了，于是父亲将剪草机交给了年幼的儿子，让他自己玩，自己径直进屋去接电话。玩兴正高的孩子正想好好摆弄一下自己的新玩具，于是把剪草机推上了他爸爸最心爱的郁金香花圃，顿时，那美丽高贵的郁金香遭受了严重的踩躏。接完电话的父亲出来一看，顿时脸都气青了，眼看他高高举起的巴掌就要落在孩子的屁股上了。这时候母亲出来了，看见了怒容满面的丈夫和满目狼藉的花圃，顿时明白了是怎么回事，她温柔地对丈夫说："喂，亲爱的，我们现在人生最大的幸福是养孩子，而不是在养郁金香。你不应该为这点小事情而折磨自己。"3秒钟后，做父亲的不再生气，一切又归于平静。

人这一生，也就短短数十载，但是在这几乎相同的数十载人生里，有的人活得非常快乐，而有的人却过着疲累不堪的生活。人活着是为了什么？不就是图个幸福、快乐和健康吗？而有些人却喜欢事事计较，不仅把自己累个半死不活的，周围的人也因他而不快乐。从上面的故事中，我们可以看出小孩的母亲是一个懂得生活智慧的人，因为她知道，人们不快乐，喜欢生气，充满烦恼，常常是因为拿一些小事在折磨自己，做事太计较得失，当然生活也就不会快乐。其实，我们要抓住的是生命中最重要的东西，而不是生活中的一些细枝末节。

我们知道，人的生命只有一次！而且这仅仅一次的生命还非常短暂！人生的乐章都是由自己谱写的。原谅一次自己所犯的过失，别为小事折磨自己，不仅可以减轻自己面对生活时的心理压力，而且还能够获得好运的眷顾。朋友有意或无意伤害了我们，无需暴跳如雷，愤愤不平只会让我们伤害自己。无意中丢失了一件自己喜欢的贵重物品，大可不必忧心忡忡，长吁短叹只会让我们的健康受到损害。我们为之付出真情，但是爱人却背叛了我们，也不必伤心不已，痛不欲生只会让我们看不到真正值得自己珍惜的人。

说实话，有的时候很多道理我们都懂，事情发生在别人身上的时候，我们也很会劝说，可是当事情真正发生在自己身上的时候，却变得很难冷静下来，坦然处理了。所以我们现在就应该尽量试着看开点，不再让小事来折磨自己，这样我们的未来也会收获很多快乐和幸福！

不要让小事折磨自己，丢开心灵的那许多牵绊，让心灵摆脱浮躁的控制，做人只有学会坦荡，我们的心灵才会轻松无压。幸福的生活需要我们以自由的心灵去感受并追求，我们最需要的生活减法，那就是——不要让小事折磨自己，减去浮躁，就会获得坦然和宁静。

❤ 心 灵 寄 语

因为爱自己，因为懂得如何生活，所以不会让小事折磨自己。

人生的路何其漫长，我们行走在其上，无非是为了追求幸福和快乐，那么抛开那些小事的折磨，就是追求幸福快乐人生的最好方法。

4．量力而为是一种明智

做人应该认清自我，量力而为。量力而为并不是一种逃避，而是在完全了解自己的情况下，遇到事情时所采取的一种比较理智的举措，是一种为人处世的智慧。

我们时常会遇到这样的情况，比如有一个人委托他人办事，那个受委托的人，有的会说："我尽力而为吧！但是成不成就看天意了！"而有的却会大拍胸脯保证："我一定竭尽全力，不负所托！"于是就有人批评前边的那个人圆滑世故，替人办事既不肯尽心尽力，但又不得罪人，简直就是在逃避责任嘛！但是仔细想想却不尽然，替人办事是最难的，事办得好，自然得人千恩万谢；要是万一并不是自己能力所能达到的，当时答应了人家，事却没办成，明理人自然不说什么，要是遇上不明理的，嘀咕抱怨几句还是有可能的；要是遇上一个浑的，免不了挨一顿臭骂。到时候怨谁啊？只能怨自己太自不量力了，没那么大的本事，还招揽那么大的事情？话虽如此，可知量力而为对于一个人为人处世是多么的重要啊！

凡事不求完美，量力而行，这是一种为人处世的方式，也是成功者必备的一个条件。或许每个人都曾经羡慕过他人的某项特长，甚至改变自己试图去模仿别人，可是当自己的天性中并不具备这些素质的时候，这种模仿从一开始便注定了失败的命运。盲目的、不加思考的模仿，其本身就是一种荒谬。找不到自己的特长，认不清自己的优势，只是为了简单的模仿而模仿，形似而神不似，我们最终只能成为别人的复制品——最粗糙不堪的复制品。其实每个人就好像一把不同的钥匙，他能否成功的关键就在于能否找到属于自己的那把锁。

"吾日三省吾身"，这是我们认清自我的关键所在。不为了盲目的追求去做随波逐流的牺牲品，也不因为达到一些根本不可能的目标去做只会模仿的瑕疵品。我们应该通过反思，通过坚持不懈地思考，揭开那层蒙在我们身上遮盖住真相的面纱，找出自身的优势与劣势，按着自身的真实条件，设定一个完全适合自己的人生目标，然后为此坚持并奋斗。

认清自己，量力而为就是在人生的大舞台上，找寻到适合自己的角色，并且演好那个属于自己的角色。我们应该去做一些自己力所能及的事情，超出自己能力之外的事情不要轻易去应承，即使这样会遭受他人的嘲笑，被说成胆小鬼，或者懦弱无能，那也没有什么了不起，不是自己的饭碗，勉强端在手中也不会长久的。不说大话，在自己的能力范围之内，脚踏实地，不轻言放弃，这才是我们收获人生幸福的最好途径。

庆磊在大学学的是工商管理专业，毕业之后就被一家公司聘用。他聪明好学，很得老板赏识，3年后就升到副总位置。在这个位置上，庆磊如鱼得水，帮老板谋划了许多商业奇招，公司发展壮大得令人咋舌。同行的老板们都说，谁得庆磊就等于得到了天下！

不想当将军的士兵肯定不是好士兵，庆磊也是这样认为。在当了5年副总之后，他要自己当老板。听说庆磊开公司，许多富人纷纷入股投资，庆磊的公司刚开张就有千万元资产。他雄心勃勃地准备大干一场。

庆磊没想到的大麻烦来临了，做了几笔生意，都是只赔不赚，半年后公司破产了。庆磊一直都很相信自己的能力，于是他重整旗鼓，卷土重来。他多方游说，有一些相信他的本领又勇于冒险的富翁入股了他的公司。

结果，一年后庆磊的公司又以破产告终。他不服输，还要干。可没有人给他投资，他只好开一家小商店。但就是这个小商店，他也经营失败了。他非常痛苦，他开始自暴自弃，因为他认为自己是江郎才尽了。

庆磊的同学何庆，非常惊讶庆磊的处境，这位心理学硕士开始帮助庆磊分析的性格特征。庆磊终于开窍了，古代像张良那样聪明的人为何不自己当帝王，却辅佐刘邦打天下？这些聪明人不是胸无大志，而是明白自己的性格缺陷。他们给别人谋划时聪明绝顶，因为不是决策人，没有压力。他们像自己一样，是没有能力在巨大的压力下做决策的。

庆磊明白了这个道理后，南下深圳，从零做起，几年后又成为一家大集团公司的副总。他的经营招数让同行们胆寒。他的老板因为他的奇思妙想赚了大钱，他现在也成为千万富翁了。

当同行夸庆磊时，他都笑着说："我就是个配角。"庆磊终于认清了自己的位置，他要一辈子做配角。

就像以上事例中的庆磊，他根本就没有自己做老板的能力，因为老板需要在巨大的压力下做决策，这是庆磊力所不及的。但是他确实是一个天生的幕后策划人，他的优势就在于为人出谋划策，即使身在幕后，一样也可以成就自己。这就是量力而为。不去苛求不适合自己的位置，也不可以高估自己的能力，也可以说，量力而为的人是一个拥有自知之明的人，自知者是不会一直屈居在人下的，他的光芒迟早会显露出来。

认清自我，是一份难能可贵的清醒；量力而为，更是一种值得赞扬的踏实。有这样一句歇后语："蚍蜉撼大树——可笑不自量。"勉强去做一些自己力所不及的事情，和那妄图撼动大树的蚍蜉有什么两样呢？量力而为并不是逃避，它本身就是一种充满智慧的生活态度，它可以让人们找到真正适合自己的位置，是值得我们每一个人拥有的。

心 灵 寄 语

量力而为是一种良好的品质，是值得我们学习的。一个拥有自知之明的人在遇到事情的时候才会懂得量力而为，放下牵绊，放下计较，找准自己的位置，让我们的心灵不再浮躁，享受生活中的幸福和宁静吧！

5. 宽恕别人就是放过自己

宽恕别人就是放过自己，宽恕是一种最美好的情感，宽恕是一种良好的心态，宽恕也是一种崇高的人生境界。宽恕那些曾经深深伤害过自己的人，让宽恕成为人性中最美丽的花朵，盛开在我们的心灵之中。

我们在与人的交往中，偶尔吃点亏，或者被人误解，甚至受点委屈，那是十分常见的事情，是无法避免的。面对这些，最明智的选择就是学会宽恕。宽恕是与人交往时显示出的一种良好的心理品质；宽恕是面对事情的时候表现出的一种非凡的气度；宽恕更是一个人面对生活时所展现的一种高贵品质。它不仅包含着理解和原谅，更显示出一个人的气质、胸襟和力量。

仇恨是一把双刃剑，我们在报复别人的同时，自己也受到伤害，所以"冤冤相报"的结果往往是"两败俱伤"。一个心中装满仇恨的人，他的人生是痛苦而不幸的，只有放下仇恨选择宽恕，那时刻纠缠在心中的死结才能打开，心中才会呈现安详和纯净。仇恨能挑起一切事端，宽恕却能征服一切。生活中我们每个人难免与别人产生摩擦、误会、甚至仇恨，每当这时千万别忘了在自己心里装满宽恕。宽恕就好像是温暖明亮的阳光，它可以融化人们内心的所有冰霜，让这个世界充满浓浓的爱意。

宽恕是为人处世的一种手段，斤斤计较很可能让一个犯了小错误的人心怀仇恨，甚至造成无法挽回的悲剧；但是宽恕却可以让浪子回头。所以，如果他人的行为损害了我们的利益，我们首先应该做的并不是责备，而应该是以宽恕的心态去谅解他，这样无形中不仅维护了他人的自尊，当然自己也会受到他人的尊重。

一天中午，埃德蒙先生刚进门厅，就听见楼上传来轻微的响声，是他熟悉不过的响声——阿马提小提琴的声音。"有小偷！"埃德蒙先生冲上楼。果然，一个13岁左右的少年正在那里抚摩着小提琴。

他脸庞瘦削，衣服破烂，不合身的外套里面鼓鼓的。埃德蒙先生用他结实的身体挡在了门口。少年发现了他，眼里充满了惶恐、胆怯，这种眼神让埃德蒙感觉非常熟悉。一瞬间，埃德蒙想起了往事……他没有生气，脸上满是微笑，亲切地问道："你是丹尼尔先生的外甥琼吗？我是他的管家。前几天，他说你要来，没想到你来得挺快的！"

那少年先愣了一下，但很快就说："我舅舅出门了吗？我想先出去随便看看，一会儿再回来。"埃德蒙先生点点头。少年放下小提琴，刚要走，埃德蒙又问道："你也喜欢拉小提琴吗？"

"是的，但拉得不怎么好。"少年回答。

　　"那为什么不拿这把琴去练习，我想你舅舅一定很高兴听到你的琴声。"他笑着说。少年犹豫了一下，还是拿起了小提琴。出门时，少年突然看见埃德蒙先生在歌德大剧院演出的巨幅照片，浑身抖了一下，头也不回地跑远了。埃德蒙明白那位少年已经知道是怎么回事了——主人不会用管家的照片来装饰客厅。黄昏时，太太发现小提琴不见了，就问道："亲爱的，你心爱的小提琴坏了吗?"

　　"哦，没有，我把它送人了。"

　　"送人? 不可能! 它可是你生命中不可缺少的一部分。"埃德蒙太太并不相信。

　　"你说得没错，那把小提琴对我很重要。不过，如果它可以拯救一个迷途的灵魂，我愿意把它送人。"他就把事情的经过告诉了妻子。

　　3 年后，在一次音乐比赛中，埃德蒙被邀请担任决赛评委。最后，一位叫里特的小提琴选手夺得了第一名。看着这个孩子，他觉得似曾相识，一下子又想不起来。颁奖结束后，里特拿着一只小提琴匣子来到埃德蒙面前，不好意思地问："埃德蒙先生，您还认识我吗?"埃德蒙摇摇头。"您曾经送过我一把小提琴，我一直珍藏着，直到今天。"里特哭着说，"那时候，每个人都看不起我，我也觉得自己没什么希望了，是您让我在苦难中重新拾起了自尊，下定决心要改变逆境。现在，我可以无愧地将小提琴还给您了……"3 年前的一幕重现在埃德蒙的眼前，原来里特就是"丹尼尔先生的外甥琼"! 埃德蒙的眼睛湿润了，少年没有让他失望。

　　这就是宽恕的力量。宽恕是人和人之间相处必不可少的润滑剂。它和诚实、勤奋、乐观等美德是一样的，可以由此衡量出一个人的气质涵养和道德水准。宽恕别人是对对方的一种尊重、一种接受和一种关爱，有时候宽恕更是一种力量。宽恕本身也是一种沟通、一种美德。假如生活中，我们受到了不公平的待遇或是自己身边的人做错了什么，千万不要生气，愤怒只会让我们失去理智，将一切弄得更糟，而宽恕可以让他人感受到我们的善意，可以将对方感化。

宽恕并不等于懦弱，而是在用爱心净化世界；绝不是含着眼泪退避三舍。宽恕也不是天平一端的砝码，并非总是忙碌着维持被不停打断的平衡。宽恕是一种来自人们内心深处的谅解，是人类生活中至高无上的美德。宽恕包含着人的整个心灵，可以超越一切，因为它需要一颗博大的心。宽恕是人类情感中最重要的一部分，这种感情可以将陌生而遥远的心拉在一起。

生活需要我们学会宽恕，在生活中每个人都会有不如意，每个人都会有失败，当我们遇到了竭尽全力仍难以逾越的屏障时，请不要忘了宽恕是一片宽广而浩瀚的海，它能包容一切，也能化解一切，会带着我们跨越一切的艰险。

心 灵 寄 语

宽恕是一种无声的教育。宽恕别人，其实也就是善待自己。要知道，仇恨只会把我们的心灵永远禁锢在黑暗中，而宽恕却能让我们的心灵重获自由。宽恕别人，可以让生活变得更轻松愉快。

6. 别让心灵开错窗

都说一个人的心灵是他真实的反应，一个人可以在表面上做任何伪装，但是他却无法伪装自己的心灵。所以，别让自己的心灵开错窗，否则我们的人生就会陷入不该陷入的悲伤和黑暗之中，成为伤痛的奴隶。

很久很久以前，有一个叫努比的小男孩趴在窗台上，看到窗外有一个人在那里伤心地哭泣，他的哭声隔着窗子传进了小男孩的耳朵，于是小男孩就想起了伤心的往事，忍不住的泪流满面，悲恸不已。这时候他的外祖父见状，连忙将他引到另一个窗口，这扇窗口的外边是一片美丽的花园，园中的花正在争奇斗艳。顿时，小男孩的心情一扫原先的阴霾，变得明朗欢快起来。老人托起外孙的下巴说："孩子，你开错了窗户。"

别开错了窗户，这个故事告诉我们：如果要让自己快乐，就不要让心灵开错了窗户。好的心情可以让一个人受到好运的眷顾，打开正确的心灵之窗，每天给自己一个好心情，告诉自己，我就是那个始终受到好运眷顾的幸运儿，那么我们的生活就会多一些甜蜜，少很多烦恼。

我们不难发现，如果自己心情好的话，做起任何事情来都特别有精神，并且效率也奇高。心情好的时候，任何东西在我们眼里都是美好的，甚至见到自己曾经讨厌的人或者东西，也会不自觉地觉得他们不再那么碍眼。一个好心情，它的魅力不仅仅在于让我们提高做事的效率，变得心胸开阔；更多的时候，让我们可以注意到很多美好的东西，让自己的心灵也注满了阳光。

一个拥有好心情的人，他面对人生时的态度是乐观向上的，遇到事情，他看到的往往就会是积极的一面。拥有一个好心情的人，他可以看到人生中的希望，即使是处于最恶劣的境况下，也会坦然地面对一切，然后找出办法，让自己脱离困境。因为，他没有让自己的心灵开错窗，所以选择拥有好心情，就是选择了好运，选择了美好的人生。

杰是一个留守学生，父母都出外打工去了，他和外公外婆生活在一起。长期的孤独和亲情的缺失让他变得脾气火爆，性格怪癖，个性乖张。他没有任何朋友，在一个人的狭小圈子里，他忧郁而自卑。因脾气火爆加上极度自私，所以只要和同学稍有不和谐就开始闹矛盾直至拳脚相加。久而久之，他便逃离了学校的圈子，并和社会上一些不三不四的人开始来往，在交往中他学会了抽烟、喝酒、赌博。面对他的堕落，班主任张峰决心改变他。

　　有一次，张峰找到杰，希望杰能陪自己练练球。杰倒是没有反对，于是他们选择了一个阳光明媚的下午。这一下午，他们没有进行任何语言上的交流，只是一直在操场上不知疲累地打着球，单一的篮球撞击地面和球框的声音回荡在整个校园内。

　　一直到夕阳西下，红霞满天。张峰和杰才停止了练球，然后张峰拉着杰在草地上坐下。张峰问杰今天练球的感觉如何，而杰也只是轻描淡写地回了一句"还行"。张峰指着天边的红霞告诉杰："天边的红霞很美吧！其实生活中不一定全是阴霾的天空，除此之外还有灿烂的阳光，阳光灿烂之后还有美丽的晚霞。"这一次杰没有回话，沉默了许久。

　　慢慢地，张峰和杰熟悉了，于是在后来的谈话中，张峰试着开导杰，并指出了他的缺点，分析了他心理上的问题，并告诫他："千万别让自己的心灵开错窗户，否则，一个人就会没有了快乐，没有了希望，也迎不来满园花香和灿烂的阳光。"

　　杰第一次衷心地向张峰道了声"谢谢"。在后来的日子里，杰完全变成了另一个人，学习上开始变得用功，积极参与并组织了各种活动，和师生之间的交往变得和谐。因为他的特殊表现，他担任了本班的体育委员。

　　几年以后，杰已经成为了一名优秀的军人。在他给张峰的信里

209

曾说："因为您的引导和您的爱，我打开了那扇正确的心窗，那扇可以触摸温暖阳光的心窗。"

这是一个充满着感动和温暖的故事，只有打开那扇正确的心灵之窗，我们的人生才可以充满温暖，生活中也会布满阳光。一个拥有好心情的人可以受到福神的眷顾，带来好的运气。这就是告诉我们应该积极地面对生活。人的一生都顺风顺水是根本不可能的事情。但是我们不难发现，有些人他们即使遇上很糟糕的情况，但他总是笑呵呵的，似乎对他来说，世界上根本就没有什么事情可以让他不快乐。他永远都有一个好心情，甚至让人感觉，即使天塌下来，他也会将其当做被子盖在身上一样。其实，每个人的人生境遇是大同小异的，哀哀切切可以度过一生，开开心心也可以度过一生，一个人一生是快乐多于哀伤，还是哀伤胜过快乐，其实就在于能不能打开正确的心窗，给自己一个好心情。

人的一生就好像是在不断做着选择题，我们所选的答案无非只有两个。一个就是开心，另一个不言而喻是不开心了。开心的生活充满了意义，不开心的生活只会让人感觉到窒息。天底下最让人难以抗拒的就是带着微笑的请求，而拥有一个好心情的人，才可以让微笑在自己的脸上完美绽放。这就是对待生活的态度——别让心灵开错窗，在淡定中给自己一个好心情，那么寂寞和忧愁就会成为我们生活中最不受欢迎的对象。

❤ 心 灵 寄 语

别让心灵开错窗，每天拥有一个好心情，连好运都会成为我们生活中的一种赐予。好心情的背后是积极的自我调整，是敞开心扉、勇于接纳的一种处世态度。请让我们对自己的人生微笑吧，让自己每天拥有一个好心情，这样我们的心灵就不再会寂寞。

7. 满怀希望的心灵是一道亮丽的风景

满怀希望的心灵是一道亮丽的风景，一个人才能的增减，与他对人生的希望是密切相关的。透过一个人的理想和志向，就可以看出他自身的品格以及他生命的全部模样，因为生命的活力是靠理想来支配的。

希望就像是我们人生中的一盏指路灯，只要有这盏灯照在我们的面前，再漆黑的夜，我们也不会迷失方向。希望就好像是那一直在夜空中闪烁的北斗星，代表着一个人的理想和志向，有了它，人们才能够在人生之路上确定自己的方向，只有靠着它，人们才能够到达成功的彼岸，实现自己人生的价值。

理想是藏在人们内心深处最强烈的渴望，是一种难以挥去的感觉和潜意识，也是人们走向成功的原动力。每个人都有着自己的理想，也都有着自己的渴望和追求，而这些理想、渴望和追求都是人们对生活的一种希望。积极进取的思想能够促进人的希望，可以促使人们充分发挥自己的才干，最终让其达到最高境界。希望是事实之母，只要方法得当，措施得力，怀有希望我们就一定能获得成功。

每个人面对生活都有属于他自己的希望，有的人希望自己能够一生饱暖无忧；有的人希望自己能够手握重权，站在高处指点江山；还有的人却希望自己能够成为一个看淡俗世的隐居者……虽然希望的内容都不同，但是总是一种来自内心深处的对生活的追求，只要有了希望，再加上百折不挠的信心，持之以恒的努力，就一定能够到达理想的彼岸，实现自己的人生希冀。

在灾难来临的前一天，前一个小时，前一分钟，多少人或是安然地在街头上散着步，或者悠闲地谈笑风生，或者老老少少怡然地享受着天伦之乐。可是，因为地震，这一切都被打破了，即便没有亲身经历这场灾难的人们也能够想象到这场灾难带给人们的那种惊慌失措和心惊胆战，那是人们对于灾难的正常反应。

有三个农民，在地震来临的时候，他们正在羊圈旁的窑洞里看管着羊群。当地动山摇的那一刻，他们在发出惊叫之后，离门口最近的那个农民最先向外面逃窜，接着是第二个，然后是第三个，但是，当第二个农民被轰然倒塌的土墙压倒时，第三个农民也没能跑出去，而是连同厚厚的土都压在了前面的农民身上。

最后的那个农民是幸运的，他靠着仅存的一点稀薄空气得到了短暂的生命。但是，那点空气显然不够他维持多久，他在死亡的边缘苦苦挣扎着，就在这时，忽然有一种坚强的信念涌来，那就是他以为第一个农民一定成功地逃生了，并且，他很快就会喊来救援人员。

于是他奋力地挣扎，拼命地用手刨着土，以尽可能获得更多的生还机会。就这样，一直过了十几个钟头，就在他已经奄奄一息的时候，他听到了救援人员的脚步声和嘈杂的声音，这时的他已经没有喊叫的力气。

他终于被人们用手挖了出来，他被挖出来的那一刻，便彻底失去了知觉。但他终于成功地活了下来。医生说，在那样稀薄的空气中，能够存活半个小时就已经是奇迹了。

人们问起他时，他说，他真的以为第一个农民已经逃生了，他相信逃生的农民一定会来救他。而实际上，第一个和第二个农民都没有跑出去就死了。

正是对生命的一丝希望，让故事中的第三个农民逃脱了死神的追捕，成功地在大地震中存活了下来。这真的是一个奇迹，是希望创造的一个奇迹。希望不仅可以让一个人改变自己的命运，而且对于成就一个人一生的事业，也具有不可思议的魔力。

大约100多年前，一位穷苦的牧羊人带着两个幼小的儿子，以替别人放羊为生。

有一天，他们赶着羊来到了一个山坡上，一群大雁鸣叫着从他们的头顶飞过，并很快消失在了远方。牧羊人的小儿子问父亲："大雁这是要飞到哪里去啊？"牧羊人说："它们要去一个充满阳光的很温暖的地方，然后在那里安家，度过寒冷的冬天。"大儿子眨着眼睛美慕地说："要是我也能像大雁那样飞起来就好了！"小儿子也说："要是能做一只会飞的大雁该多好啊！"牧羊人听到两个孩子的话，沉默了片刻，然后对两个儿子说："只要你们想，你们也能飞起来。"

两个儿子张开自己的手臂试了试，都没能飞起来，他们用怀疑的眼神看着自己的父亲，牧羊人说："让我飞给你们看。"于是他张开了双臂，但是也没能飞起来。可是，牧羊人肯定地告诉两个儿子："我因为年纪大了才飞不起来的，你们现在还小，只要不断努力，将来就一定能飞起来，去想去的地方。"父亲的话给两个孩子幼小的心灵中种下了一颗希望的梦想种子——一定能够飞起来！

两个儿子牢牢记住了父亲的话，并一直不断努力着，等他们终于长大了——哥哥36岁，弟弟32岁时——他们果然飞了起来，因为他们发明了世界上第一架飞机。这两个人就是美国著名的发明家莱特兄弟。

满怀希望的心灵，有着令人难以置信的创造力，这种力量能够发掘人的才能，改变人的命运，实现人的理想。就好像是故事中的莱特兄弟，他们的父亲在他们幼小的心灵中种下了飞翔的希望，结果这种希望在他们的努力下终于由一个不可能实现的神话变成为事实。每个人的内心深处，对生活都有着种种美好的期待：期待前途光明，繁花似锦；期待花好月圆，美梦成真。这种种期待就是希望，通过努力可以使其转化为巨大的能量，帮我们实现自己的人生理想。

❤ 心 灵 寄 语

给自己一个希望，让我们的心灵变成一道亮丽的风景。拥有希望，追求理想，实现梦想，让我们的人生不再迷茫，让我们的心灵不再寂寞，让我们的人生梦想开始绽放，让我们拥有幸福快乐的生活。

8. 为心灵做个有氧 SPA

现在最流行的健身方式就是有氧 SPA，我们的身体时刻叫喊着"我要自由呼吸"，由此可以看出生活带给人们的压力之大。其实压力并不是生活给予的，而是我们自己强加上去的，不仅让我们的身体不堪重负，心灵也是负重累累。为自己的心灵做个有氧 SPA，从现在起，给生活做做减法，让我们的心灵轻松起来。

每个人来到这个世界上的时候都是哭哭啼啼的，首先面临的就是生存问题。要生存，就必然会遇到竞争，只要有竞争存在的地方，就会有各种各样的压力存在。也可以说，自打我们出娘胎的那一刻起，一生就注定要承受生存所带来的各种压力，譬如升学、就业、晋职等。面对这些压力，有的人因为意志薄弱，不堪重负被压垮了，不仅身体失去了重新站起来的力量，连心灵也因承受不了打击而窒息，这种人就是生活中的所谓失败者；而有些人却可以正视压力、承受压力，并将这些压力变为前进的动力，不仅身体健康，而且心灵也沐浴在阳光下享受着自由呼吸的乐趣。面对压力，做个懦夫还是勇者，主要在于我们能否让自己的心灵自由地呼吸。

运动员为了增强腰部和下肢的力量，时常在教练的指导下做一种压杠铃的负重练习。通过压杠铃的练习，运动员奔跑和跳跃的能力会在瞬间突飞猛进。当然，杠铃的重量一定要适当，太轻了等于白费时间，重了运动员又会闪到腰，而且杠铃重量的增加也是因人而异，循序渐进的。这杠铃，就像是我们一生中所必须背负的压力，适当地背负一些压力，可以锻炼自身的能力，让自己有所发展。但是压力一旦过大，超越了身体和心灵所能承受的极限，就会使人身心俱损，甚至完全崩溃。当我们感到实在承受不了压力的时候，就要及时给自己减减压。

一个会生活的人总是会为自己找各种各样的理由来放松自己的心情，为自己的生活减压。任何事情不论好坏，经历的不管是愉快，抑或是痛苦；做选择的时候，不管是赞成还是反对；得到的是荣誉还是耻辱，都是来了又去，去了又来，来来去去，都只有一个起点，一个终点，只有这样，世界才能保持一个平衡。如果只有起点而没有终点，那么世界上的人都会因为压力而崩溃。

其实烦恼和压力很多时候只是一种不该存在于心灵之上的垃圾，我们完全可以靠自己的力量将其剥离我们的身体和心灵。所以只要我们在感到心浮气躁，不堪重压的时候，能够完全将自己的郁闷心情发泄出来，一旦发泄完了，心情自然也就轻松了，可以感受到自由呼吸的乐趣了，而烦恼和压力也就随之消失了。

为自己的心灵做有氧 SPA，让心灵摆脱压力的影响，就要学会为生活做减法，面对生活中的压力，我们可以参考以下这些小偏方：

1. 减去小事，杜绝其成为心灵压力

我们时常会因为一些小事而抓狂，本来是一些没有必要投注太多精力的琐碎事，但是它们往往却会成为最频繁的压力来源。其实仔细想一想，这些事情并非想象中那么重要，但是我们却喜欢把注意力放在这些小问题上，把事情扩大化。所以我们应该减去小事，杜绝其成为心灵压力。

2. 减去胡思乱想，滚雪球只是自找压力

每当我们遇到麻烦，越是喜欢胡思乱想，在我们的头脑中事情就会变得越糟糕。思绪就像是一只只的无头苍蝇，一个接着一个翻滚在大脑中，直到我们变得焦虑到抓狂的地步。一旦遇到这种情况，就要及时打住，千万不能被情绪低潮愚弄，以消极的眼光来看待周围的人和事物。

3. 减去懒惰，设想一个理想中的自己

"相由心生"，如果我们的心态时常处于轻松快乐之中，那么，我们外在的形象也会是健康积极的。生活中的压力多种多样，我们虽然没办法选择承受哪一种压力，但我们可以决定，用什么样的方法去面对压力。改变自己的心态，设想一个理想中的自我并为之奋斗，那么压力也就不再是压力了。

当今社会人们生活的步伐越走越快，我们总是被自己所拥有的经验，一些约定俗成的想法，甚至是被某一种情绪的感受重重包围着，很难找到一个机会来让自己完全放松一下。我们就如同一台机器，总是在超负荷地运转着，总有一天会因为过度疲累，不堪重负而散架。因此我们得学会自己给自己一个轻松休息的理由，为自己的心灵做个有氧SPA，给自己的心灵一点时间与空间，让它能够自由地呼吸，享受久违的阳光。

心 灵 寄 语

在生活中，要想成为一个快乐的人，就应该经常给自己的生活做做减法，时常地洗涤一下自己的心灵，为心灵做个有氧 SPA，将那些困扰着我们心灵的"垃圾"彻底清除掉，再也不要让这些"垃圾"来控制我们的生活，影响我们的人生了。

第三章　心灵快意随处见，删繁从简幸福多

我们总是在追求幸福，追求心灵的轻松，但是却很难找到真正的幸福。其实，并不是幸福难找，而是因为我们牵绊的太多，计较的太多，以至于让自己的心灵被蒙蔽了双眼，看不到很多真实而美好的东西。只要我们愿意抛开牵绊和计较，睁开心灵的双眼，就可以找到幸福的踪迹了。"心灵快意随处见，删繁从简幸福多"，只要让心灵走出羁绊，幸福唾手可得。

1. 闲庭信步，偷闲可以让我们走出樊笼

忙里偷闲是一种乐趣，也是一种心灵减压的好方式。在繁忙的生活中，偷偷懒，故意给自己一些空闲，做一些自己喜欢的事情，即使生活的担子很重，但至少在这一刻，你享受的是零负担的生活待遇。

有句话说："再长的路，一步步也能走完；再短的路，不迈开

双脚也无法到达。"偷闲才可以让我们走出樊笼，得到出乎意料的畅快。偷闲可以让我们在繁忙中体会到那一份无法比拟的舒心，也能够让我们在疲惫之时享受到全身心的放松。忙里偷闲，是为了更好地忙，忙里偷闲就好像是将自己置身于维修站中，修整修整已经不堪重压的身躯，然后甩掉那些挂在心灵上的大小包袱，为自己充充电，接着轻装前进。忙里偷闲等于停歇在加油站，填补的是动力，只有动力充足了，才能够走更远的路。

在一家饭店门前有这样一副有趣的对联：为名忙，为利忙，忙里偷闲，且喝一杯茶去；劳心苦，劳力苦，苦中作乐，再斟两壶酒来。我们常常感叹自己活得太累，过得太苦，因为我们的眼睛总是喜欢紧紧盯着上面，常常以物质的丰足、名利的高低作为衡量幸福的标准。可是当我们真正拥有了金钱、名利以后，并不一定能感受到幸福的滋味。为了维持自己所谓的幸福，我们依旧得不停地忙碌、奔波、劳累，而这些忙碌、奔波和劳累，又总是让我们觉得没有得到理想中的幸福。岁月可以消磨掉我们所有的雄心，当迟暮之年回过头来才会发现，真正能让我们感到幸福的，其实是当下那份实实在在的拥有，就好像是忙里偷闲的一杯茶，苦中作乐的两壶酒。

一次，一位教授在上课前手里拿着一只盛着一些水的杯子。他举起杯子，让所有的学生都看到，然后问道："你们猜猜看，这只杯子的重量是多少？"

"50克！""100克！""125克！"……学生们说出了各自心目中的答案。这时，教授说："现在，我的问题是：如果我把它像这样举几分钟，会发生什么事情呢？"

"什么事情都不会发生。"学生们齐声回答。

"好吧。那么，举一个小时会发生什么事情呢？"教授接着又提出了问题。

"你的手臂大概会疼痛起来。"其中一个学生有些不确定地回答。

"你说得对。如果我把它举一天会怎么样呢？"教授又对着学生提出了新问题。

"你的手臂会逐渐变得麻木，肌肉还会严重拉伤和麻痹，最后你肯定得去医院。"另一个学生冒失地说。所有的学生都笑了。

"很好。不过，在这期间水杯的重量发生改变了吗？"教授问道。

"没有呀。"大家一起回答。

"那么是什么使手臂疼痛、肌肉拉伤的呢？"教授停顿了一下又问道，"在我手臂开始疼痛之前，我应该做点儿什么呢？"学生们迷惑了。

"把水杯放下呀！"有个学生笑着说。

"对极了！"教授说，"生活中遇到的问题正如这个道理。你把它们在脑子里掂量几分钟，好像没有什么大不了的。考虑生活中的挑战或问题是重要的，但更重要的是，每当一天结束，你上床睡觉的时候，要把'问题放下'。这样，你第二天醒来一身轻松，精神焕发，能够应对可能遇到的任何机遇与挑战。"

拿起容易，但是放下难，当一种思维、一个东西成为我们的习惯的时候，我们就会忽视它的重量，也不去理会它带给我们的负面影响。但是一定要记得，在这个负面影响还不太大的时候，我们一定要懂得将其放下，为自己减负。即使工作再忙，也不要忘了忙里偷闲，给自己的大脑一个空白的机会，要知道好的休息才会更好地奋斗。

人生的旅途，少不了风风雨雨和坎坷不平，学业无成、商场失意、家庭变故、事业受挫、经济拮据、人际是非以及命运乖舛等，都会给我们带来烦恼、忧虑、惆怅，甚至抱怨和怨恨，更会让我们的心灵在煎熬中被生活的重担禁锢。面对人生中的酸甜苦辣，关键在于我们是否善于找寻避苦求乐的良方，善寻乐者时时有乐，不善寻乐者处处是苦。怎样找到生活的乐趣，让自己的心灵无压，那么就要学会忙里偷闲。忙里偷闲，在工作的空余之间去进行一次旅游，带着自己的家人，带着一个背包，找一处幽静或者自己喜欢的地方，放下心中的压力，亲近一下大自然；忙里偷闲，在午后的时候，饮一杯香茗，用醇香的茶味，洗净自己心灵的疲惫；忙里偷闲，给自己一段空闲的时间，什么都不去想，什么也都不去做，就那样静静地将自己的身体以及心灵安放……

其实快乐很简单，生活中的乐趣也是无处不在的，主要在于我们肯不肯用自己的心灵去感受，只要我们愿意触摸，那么幸福和快乐就会变得很简单，繁忙之中喝一杯茶，抽一袋旱烟，抿两口小酒……

心 灵 寄 语

闲庭信步，偷闲可以让我们走出樊笼。生活本来没有想象中那般糟糕，再快的生活节奏也总得抽个时间放松一下，其实生活就是一场生命和心灵的旅游，要想走得更远，看到更多的景色，就不要让自己的心灵带着过多的包袱上路。

2. 人至察则无徒，糊涂是一门学问

"人至察则无徒，水至清则无鱼"，做人没必要事事都计较。难得糊涂，糊涂是一门为人处世的学问。我们生活在这个社会上，要面对形形色色的人，会遇上各种各样的事情，要想将所有的人和事都弄得明明白白，那是根本不可能的事情，所以适当地装装糊涂，其实是一件好事。

糊涂是一种处世为人之道，也是一门精深的学问。清代著名画家郑板桥曾经说过："聪明难，糊涂难，由聪明入糊涂更难。"板桥先生所言"难得糊涂"中的"糊涂"并非人们时常所说的真糊涂，而是一种假糊涂，是一门学问，不仅寓意高雅，其中所含的哲理也很深奥。虽然嘴里说的是"糊涂话"，脸上反映的是"糊涂的表情"，但是手底下做的却是"明白事"。因此，这种"糊涂"被后世人称赞为人类的一种高级智慧，也是精明的另一种特殊表现形式，是适应复杂社会、复杂环境的一种更为高级、巧妙的方式。

在人生的旅途中，人们时不时就会遇到许许多多令自己"进退两难"的情境，在这个时候，我们完全可以借助这种"糊涂"，暂时地"装装傻"或者"忍让"一下，也好给自己和他人有个转圜的余地。不过于斤斤计较，也不太过苛求于一些生活中的琐事，暂时"吃点小亏"，做点"退却姿态"，这种"糊涂"，可以让我们拥有"自我保护"的功能，有更多的时间去享受人生中的快乐。

凯特是电视台的记者，由于口齿清晰，相貌堂堂，反应又快，所以除了白天采访财经线，晚上还播报 7 点半的黄金档新闻。按理说他的事业应该一帆风顺，却因为人不够圆滑，而得罪了他的顶头上司——新闻部主管。

在一次会议上，新闻部主管突然宣布，不准凯特播黄金档，要他改播深夜 11 点的直播新闻。所有的人在一瞬间都愣住了，凯特更是大吃一惊，他知道自己被贬了，但是极力保持镇定，甚至做出欣然接受的样子。

从此，凯特每天一下班就跑去进修，并在 10 点多的时候赶回公司，预备夜间新闻的播报工作。他对每一篇新闻稿都经过详细地阅读，充分消化之后才播报，丝毫没有因为夜间新闻不重要，而有任何松懈。渐渐地，夜间新闻的收视率提高了，观众好评不断，终于惊动了总经理。总经理不高兴地把厚厚的观众来信摊在新闻部主管的面前："凯特为什么只播11点，却不播7点半的新闻？"总经理下令，由凯特播晚间新闻。于是，凯特被新闻部主管"请"回了黄金时段，并在不久后获选为全国最受欢迎的电视记者。

心有不甘的新闻部主管，终于想出了修理凯特的办法，他故意当众宣布："虽然凯特是学财经的，但是由他采访财经新闻容易产生弊端，以后让他改跑其他线吧。"对于跑财经已颇有名气的凯特，这简直是当面的侮辱。凯特十分生气，但他知道只要自己一旦爆发，就会落入主管的圈套，所以，他继续装糊涂，默默地接受了主管的"安排"。

日子就这样一天一天地过去了。某日，总经理打电话给新闻部主管："后天有财经首长来公司晚宴，请凯特作陪。"新闻部主管应付道："凯特现在已经不跑财经线了。"

"不跑也得来参加，他是专家。"总经理下达了命令。

从此，每有重要的财经界人士到公司去，都由凯特作陪，并顺便专访。渐渐地，同事们都耳语着：凯特现在是大牌了，只有要人才由他出面。而每一位曾经接受凯特采访的人，都以此为荣。没有被凯特采访的人，则有了怨言。"不能厚此薄彼啊，以后财经一律由凯特跑，别人不要碰。"总经理终于下了令。凯特又被"请"回了财经记者的位子。

2年后，原来的新闻部主管调职坐冷板凳，新任的主管上台，正是凯特。

故事中的凯特之所以在屡次被新闻部主管故意"贬职"的时候

能够做到不愠不火，可能有人会说他太傻，不懂得为自己着想，但是我们可以看出凯特的故意装糊涂，其实是一种韬光养晦的处世方式。这种故意装糊涂的本事让他得到了命运的回报，那就是新闻部的主管。装糊涂可以瓦解对手对我们的提防，可以让我们有更多的时间和机会来调整并提高自己。

我们的一生中，总会遇到许多"磕磕绊绊"的不如意之事，有时候甚至会做出令我们自己感觉十分遗憾的事情，究其原因，其实最重要的一点还在于我们自身的弱点或缺点。而那些"难得糊涂"的人在自己的问题上却是一点不糊涂，有时则用看似"糊涂"的表象来装饰、掩盖自己的弱点——因此，这种"糊涂"还是一种"自我反省"的表现。

懂得糊涂的人，他们不在乎自己偶然吃点小亏，有时候甚至很高兴自己能够在和他人的相处中吃点亏，因为许多人认为只有傻子才会不在意自己吃亏。而聪明人从来都不介意用"傻子"的身份来掩护自己。我们时常听到有人会说某个人是"老糊涂"，当然这个称呼时常被用在一些上了年纪的人身上，来笑话他们办事不牢靠或者喜欢丢三落四，其实我们只要稍稍留意就会发现，这些时常被称为"老糊涂"的人，他们倒是很精明，真正干起大事来从未见他们糊涂过。在小事上的一些糊涂，反而让他们显得更加可亲可爱。这种糊涂，未尝不是一种智慧。

心 灵 寄 语

人至察则无徒，只要我们懂得放下，凡事不那么斤斤计较，那么我们的心灵就会轻松很多，生活也会轻松很多。难得糊涂，糊涂是一门学问，更是我们为生活做减法的最好选择。偶尔装装糊涂，其实，也是一种智慧。

3. 远离喧嚣，不要让杂音刺伤我们的心灵

远离喧嚣，并非是让我们离开热闹繁华的城市，去幽静的乡下生活，而是让我们远离充满杂音、纸醉金迷的喧嚣生活，求得一份心灵深处的宁静，能够坦然地面对生活，用心去生活。

这里的喧嚣，并不是指吵闹的生活，而是一些出现在我们生活中的杂音，也就是他人的指指点点，用比较流行的语言来说，就是"八卦"。我们生活在这个社会中，就会接触很多的人，不管是生活中还是职场中，我们或多或少都会受到"八卦"的一些影响，有时候，我们自己不知不觉中就会成为"八卦"中的主人公。面对出现在生活中的杂音——八卦，我们应该尽量避免让其刺伤我们的心灵，影响我们的生活。

要知道，生活中各种各样的人都有，特别是在比较繁华的大城市，人与人之间的和平相处尤其显得重要。如果我们不能融入我们所在的生活圈子，那么我们就会被孤立；但是融入之后，就必须忍受一些好事之人不断带来的"八卦"。要是八卦和我们毫无关联倒也罢了，但一旦和我们扯上关系之后，我们就要正确看待，能漠视的就尽量漠视，否则就尽量远离，只有这样才能让那些准备"看好戏"的人无趣而退。

当今的社会很杂乱，各式各样的人都有。即使在大多数人看来，我们是好人。但是不可忽略，或许就有那么一两个人看我们不顺眼，所以编一些八卦之类的臭臭我们，这也不是什么怪事。或许我们听到后会觉得很委屈，用眼泪来表示自己的屈辱；或许我们会

恼羞成怒，用恶言恶语来诅咒那个喜欢多嘴多舌的人。但是，如果我们这样做，无异于助长了好事者的威力，增长了他们的气焰。这是不明智的做法，"以血还血，以牙还牙"从来不是聪明人的做法，要想打败自己的敌人，最好的办法就是忽略他、远离他。将他当做不存在的东西，完全忽略。

但丁有一句话说："走自己的路，让别人去说吧！"我们知道，人生之路不可能畅通无阻，我们走在人生之路上，难免遇到障碍：他人的指指点点，对手的恶语中伤，敌人的背后诽谤……面对这些，想要一一澄清估计不仅会将自己累个半死，而且也会产生"越描越黑"的反效果。所以我们应该采取的唯一方法就是——远离"八卦"圈，摆正自己的心态，然后专心走自己的人生路。因为任何虚假的东西都是经不起时间的洗涤的，所以我们完全可以依靠时间来冲淡一切。

我们身处的环境虽然复杂喧嚣，但是我们可以让自己的心灵环境简单而宁静。因为只有宁静的心灵，才能够看清许多隐藏起来的事实；而只有宁静的心灵，才能够让我们每个人走出杂音的干扰，轻松地面对生活，面对自己的人生。

有一个人很苦恼，他听说在某座名山上的古刹里有一位智者，可以为世间人解去所有的烦恼，于是他决定前往拜访。

这个人花了差不多一个月的时间才到达那座名山，在山脚下，他遇到一位樵夫，于是便向他打听古刹和智者的消息，结果樵夫告诉他，那是谬传，他在山脚下生活了几十年了，从来没听说过有什么智者在山上，古刹倒是有一座，但是听说那里很古怪，没有人敢去。这人听了有些疑惑，但是他上山寻找智者的决定并没有改变。

在半山腰，这个人又遇到了一个猎人，于是向猎人打听古刹和智者的讯息，猎人告诉他，在山顶最高处有一座古刹，那里确实有一位智者，但是这位智者有个怪毛病，凡是有求于他的人，必须三步一跪拜上山。这人听到了智者的消息，固然开心，但是却并没有听猎人的话语三步一跪拜上山。

终于到了山顶，那座古刹真的就在山顶最高处。于是那人叩响了古刹的门，见到了那位智者，智者问他："你是怎么到达这里的？"

那人很坦然地答道："走上来的。"

智者问："你为什么不听樵夫和猎人的话呢？"

那人答道："我一心要到古刹找寻智者解决问题，又怎么可能因为樵夫的话轻言放弃呢？我虽然有求于智者，但是我得保留体力让自己能够到达山顶啊，要是听了猎人的话，我估计自己又得走一个月！"

智者点点头，于是告诉那人："其实你所求的事情你已经有了答案，你前来求我，尚且能够不理会樵夫和猎人的话语，可见你还是可以让自己的心灵得到宁静的，所以，只要你能让自己的心灵随时保持宁静，那么，也就不会有什么值得你苦恼的事情了！"

那人恍然大悟，原来自己之所以感觉苦恼，一直是自找的，于是他拜别了智者，带着轻快的心情下了山。

只要我们心灵宁静又何必在意人生中的各种喧嚣和杂音？就好像故事中的那个人，他不会因为樵夫的话轻言放弃，也不会因为猎人的话而乱了主张，可见只要守着心中的一点坚持，守着心中的一份宁静，我们自然可以找寻到自己的目标，并将其实现。

不要让自己陷入"八卦"的陷阱之中，远离喧嚣，不要让杂音刺伤我们的心灵，只要我们守住心灵的那一方宁静，面对他人的指指点点能够做到坦然面对，那么我们的生活就会摆脱烦恼的困扰，而我们的人生也会迎来属于自己的成功。

无论是在任何时候，生活中的杂音——"八卦"是我们无法避免的。面对"八卦"的喧嚣，我们没必要斤斤计较，只要让自己的心灵保持一份宁静，那么我们就可以消除"八卦"带给我们的影响，获得一个简单而幸福的生活。

4. 本来无一物，何处惹尘埃

"本来无一物，何处惹尘埃"，人生一世，何必自寻烦恼？每个人都喜欢幸福快乐的生活，很多人也都为了幸福快乐的生活在不断奋斗。但是幸福快乐其实很简单，就在我们的身边，我们只要肯放下心灵的牵绊，我们就可以拥有所追求的生活。

生活经不起我们来回折腾，我们总喜欢站在高处看远方的世界，但是我们为什么不站在地上看看我们的周围呢？拥有爱我们的父母，有一个安静温暖的安身处所，有一份薪水虽不高，但稳定的工作，有一个关心自己的爱人……难道这一切都不能让我们觉得幸福快乐吗？我们为什么不懂得知足，不懂得珍惜，偏偏要放弃这些美好，去追求一些不切实际的物质和权力呢？难道真的拥有了物质和权力就等于拥有了一切吗？

"本来无一物，何处惹尘埃"，只有一颗纯净而淡然，毫无牵绊的心才能够使我们享受到生活中的乐趣，注意到人生中的幸福。当然，这里并不是让人们放弃自己的理想，去做一个无欲无求的人。我们知道，这个世界上真正的圣人并没有几个，也没有几个人喜欢过和尚般清心寡欲的生活。但是一个人的理想要切合实际，凡是切合实际的理想，大多都不会受到欲望的牵绊，所以不受欲望牵绊的理想才算是真正的理想，而不受欲望牵绊的人生也是幸福快乐的。

有一个来自美国的商人，他坐在墨西哥海边一个小渔村的码头上，看着一个墨西哥渔夫划着一艘小船靠岸，小船上有好几尾大黄鳍鲔鱼。这个美国商人对墨西哥渔夫能抓这么高档的鱼恭维了一番之后，就问他抓那么多鱼需要多少时间？墨西哥渔夫告诉他，自己才一会儿工夫就抓到了这么些。美国人再问，那你为什么不再待久点呢，那样的话就可以多抓一些鱼了？墨西哥渔夫觉得不以为然，他告诉那个商人，他所抓的鱼已经足够他一家人生活所需啦！

美国人又问："那么你一天剩下那么多的时间都在干什么？"

墨西哥渔夫解释道："我呀？我每天睡到自然醒，然后出海抓几条鱼，回来之后就跟孩子们玩一玩；再和老婆睡个午觉，黄昏时候晃到村子里喝点小酒，跟哥儿们玩玩吉他。我的日子可过得充实而忙碌呢！"

美国人听后猛然摇头，他告诉墨西哥人说："我是美国哈佛大学企管专业毕业的硕士，我倒是可以帮你忙！让你的日子过得更舒适一些。你应该每天多花一些时间去抓鱼，到时候你就有钱去买条大一点的船。自然你就可以抓更多的鱼，再买更多渔船。然后你就可以拥有一个船队。到时候你就不必把鱼卖给鱼贩子，而是直接卖给加工厂。然后你可以自己开一家罐头工厂。如此你就可以控制整个生产、加工处理和行销。然后你可以离开这个小渔村，搬到墨西哥城，再搬到洛杉矶，最后到纽约，在那经营你不断扩充的企业。"美国人滔滔不绝地讲着，他为自己能想到如此棒的办法而骄傲。

墨西哥渔夫问："这要花多少时间呢？"美国人回答："15 到 20 年。"

墨西哥渔夫问美国人然后会怎么样？美国人大笑着说："然后你就可以在家当皇帝啦！时机一到，你就可以宣布股票上市，把你的公司股份卖给投资大众；到时候你就发啦！你可以几亿几亿地赚！"墨西哥渔夫继续问美国人之后会如何呢，美国人说："到那个时候你就可以退休啦，你可以搬到海边的小渔村去住。每天睡到自然醒，出海随便抓几条鱼，跟孩子们玩一玩，再跟老婆睡个午觉；黄昏时，晃到村子里喝点小酒，跟哥儿们玩玩吉他。"

墨西哥渔夫疑惑地说："我现在不就是这样子吗？"美国人被他的这句话哽住了，于是收起了自己的长篇大论，自顾自回到了码头上不再说话。

生活正如故事中的墨西哥渔夫所说的一样，我们一再地折腾，可是再怎么折腾还是会回到原来的样子。我们所苦苦追求的幸福生活其实一直都摆在我们的眼前。为什么要让自己的心灵那么累，为什么要绕那么大的一个圈子，花费那么多的时间和精力去追求原本就拥有的一切呢？很多时候我们追求的只不过是更多的压力，不如放开心灵的牵绊，用心去面对、享受生活，或许投入全身心之后，就会感觉自己的生活变得轻松简单许多。

"欲壑难填"，这绝不是一种夸张，而是在说一件十分残酷而又真实存在的状况。我们曾经看到许多人为了追求自己所谓理想中的生活，先是用尽手段一步步让自己爬上高位，然后又以骇人听闻的手段为自己敛来巨额的财富，满以为自己今生可以无忧了，谁知东窗事发，不仅断送了自己的前程，自己的亲人也要跟着受罪，这又是何苦呢？既然爬上高位，人生理想可以说是已经实现了，干嘛还要去追求过多的金钱呢？这就是因为欲望，欲望一旦超过界限，就会变成噬人的恶魔。这种欲望，本来是没有的，我们何必去自寻呢？

所以，做人应该学会知足，珍惜自己现有的，没必要将眼光放得太远、太高，远处高处的东西虽然好看，但是走近了也不一定如想象中好看。我们没必要将太多的牵绊置于自己的心灵上，只有懂得放开，才能够拥有；而只有为自己的生活多做做减法，才能够生活得幸福快乐。

心 灵 寄 语

放开执著，放开牵绊，不要为自己找一些无谓的包袱。我们的生活需要做减法，我们的心灵需要放松，幸福快乐本来很简单，唯有心中无尘埃，才能够触摸到真实的生活，得知人生的真谛。

5. 心诚则灵，放开执著更轻松

很多时候，我们总是会被一些事情所牵绊，心情也会被一些莫名其妙的东西所左右，其实那只是我们不懂得放下自己的执著、自己的坚持。要知道很多时候，我们的执著只不过是一些无谓的挣扎，心诚则灵，放开执著更轻松。

在我们的人生中，我们总是会感觉到有一些事情牵绊着我们，也总是无法放下一些事情，很多的东西让我们看不开，使我们心情沮丧。其实，只要仔细琢磨一下，我们的人生中并没有多少事情是真正的麻烦，也没有什么事情真的可以让人手足无措，只要我们拥有一颗淡然的心，能够放下自己心里的执著，那么就没有什么事情能够牵绊住我们，也没有什么事情能够左右我们的情绪。

心诚则灵，放开执著会更轻松。很多时候，我们总是告诫自己遇到事情的时候要看开一些，但是有一句话说出了我们的真实情况，那就是"事不关己，高高挂起；事若关己，内心则乱。"面对发生在他人身上的事情，我们尚能做个局外人，保持清醒的头脑；一旦事情发生在自己身上，那么自己曾经引以为傲的定力估计都会消失在九霄云外。这就是因为我们的执著，我们所谓的看得开，其实不是真正的看得开，真正的看得开，是一种释怀，是出自心灵深处的放松。

从前，有个年轻人，他一生的梦想就是要攀上家门口的那座高山。上山无路，他就历尽千难万险自己开路。但连续两次，他都以失败而告终。

在最后一次拼搏中，他想尽了自己所会遇到的所有困难，并且针对想到的困难分别采取了对策。这次，他以为可以万无一失了。但是后来，就在他即将登上巅峰时，山上却突然刮起了大风，他一不小心掉下了悬崖。幸运的是，他落在了悬崖的缝隙里，得以保全性命，但不幸的是，他的腿却摔成了骨折。也可以这样说，他不得不一辈子告别自己的理想了。

就在他陷入沉沦时，一位高僧从此地路过，问他："你想要上山的目的是什么？"

他回答："我要享受胜利的感受，实现自己的人生价值。"

高僧哈哈大笑："其实你现在就已经有了胜利的喜悦，你看你走过的路。"他仔细看时，却发现，他开辟的小路已经成了山里人上山的道路，他们沿着这条路，上山打柴，或者去打猎。高僧继续说，"实现人生的价值的方式有许多种，你又何必只执著于高山呢？你看看脚下的路，还有那些石头。记住，年轻人，既然上不了山，那就站在山脚下吧！"

年轻人恍然大悟，很快，他就从失败的阴影中苏醒了过来，然后引资开办了一个采石场。没过几年，他便成了当地有名的采石专家。

人不能改变环境，但却有适应环境的能力和意志。无论是上山也好，站在山脚下也罢，我们的目的只有一个——实现自己的人生理想和价值。但实现人生理想的方式是有很多种的，所以我们没必要执著于一种，让我们的人生被那些条条框框所禁锢。即使我们平凡如石子，也有自身的存在价值，美好的风景不一定在最高处，衡量价值的大小也不仅仅局限于一种。如果所有的人都执著于一种方式的话，岂不会让我们觉得人生中充满了失败和绝望！

其实在我们的生命中，很多时候我们都会执著于一件事情之上，对于我们无法得到的一个东西总是抱有着不切实际的幻想；有时候甚至为了得到那样东西，做到那件事情，即使弄得头破血流也执意而为，但最后的结局往往是不尽人意的，那就是在一无所获的情况下，反而白白地浪费掉了自己的努力或者青春。这是为什么？为什么我们总是喜欢执著于那些东西，难道那些东西在我们的生命中真的是无可替代的吗？不，说实话有时候我们执著的并不是那些东西的本身，而是那一颗已经陷入执著漩涡中的心。所以，如果我们能敞开自己的胸怀，放下那颗执著的心，那么我们的人生就不会有那么多的悲伤，我们的生命中也就不会充满难以驱散的迷茫，当然生活也就不会有那么大的压力、那么多的彷徨。

有人曾经设置了一种捉猴子的陷阱，他们把椰子挖空，然后用绳子绑起来，系在树上或是固定在地上。然后在椰子上留了一个小洞，把一些食物放在那个小洞里，洞口的大小恰好只能让猴子空着手伸进去，而无法握着拳头抽出来。猴子闻香而来，将它的手伸进去抓食物，理所当然地，紧握的拳头便抽不出洞口，当猎人来的时候，猴子们虽然惊慌失措，但是又舍不得放下手中的食物，所以成为猎物也就是理所当然的事情了。

从这个事例我们可以看出，没有任何人捉住猴子不放，它之所以成为俘虏，是因为自己的执著所造成的，它的执著让它丧失了生命。在我们的人生中何尝不是这样，我们自认为是很多的事情牵绊住了我们，我们也总以为是有些东西阻挡住了我们前进的脚步，我们更以为自己的伤心和失望都是他人的过错；其实我们不知道，牵绊住我们的并不是一些事情，阻挡我们脚步的也不是我们所想的那些东西，伤害我们的更不是那些人，而是我们的一颗执著的心，我们自己牵绊着自己，阻碍着自己，甚至伤害了自己。

所以，放弃内心的那些无谓的执著吧！放开执著并不代表妥协，也不代表懦弱，只是因为找寻到了心中的那一份淡定和坦然。心诚则灵，放开执著我们会生活得更轻松。

心 灵 寄 语

将过去的一切放开，轻松地做回自己，让自己过得更加开心，更加快乐。凡事没必要太过执著，执著只会让我们感到疲累，只要我们肯放开执著，放下牵绊，那么我们的生活会更轻松，人生也会更幸福。

6. 没有人可以否定我们

人生就好像是一盘棋局，我们一生都在与自己对弈。一着不慎满盘皆输，我们所经历的一切，都取决于我们自己的决定。可以说，命运其实就掌握在自己的手中，没有人可以否定我们，是做一个历尽艰险的成功者；还是做一个落荒而逃的失败者，一切都由我们自己决定。

没有人可以否定我们，我们没必要因为羡慕别人的成功而眼红，也不必因为受到一时的挫折而一蹶不振。人生本来就存在诸多的变数，如果我们任凭命运的摆布，一切都听从所谓的命运安排，那么我们可能永远不会知道，只有在努力之后得到的才算是真正的成功，成功是需要汗水和奋斗来浇灌的，与其被动地接受命运的安排，跟在众人的背后不知进退，倒不如摆脱命运的操纵，将命运主动掌握在自己的手中。

面对命运的捉弄，我们可以大哭大闹表现出自己的不满，也可以大吼大叫发泄心中的郁闷，但是却不可以轻易否定自己，轻言放弃。如果累了，可以暂时停下来好好休息一下，等调整好自己的状态之后重新来过；如果厌倦了，那么就换个环境，培养培养自己的兴趣。想成功，想让自己的生活轻松快乐一些，想证明自己的能力，就一定要记住：除非我们自己否定自己，否则没有人可以否定我们。

有一群青蛙在比赛谁能爬上最高的铁塔，比赛开始了。一大群的青蛙看着那高大的铁塔议论纷纷："这也太难了吧！我们绝对爬不到塔顶的……""塔太高了！我们不可能成功……"听到这里，有些青蛙心知自己没有获胜的希望，便提前退出了比赛。

看着那些仍然继续向上爬的青蛙，大家又继续议论说："对于我们青蛙来说，要爬到塔顶，这真的太难了！没有谁能爬上塔顶的……"就这样你一言我一语，越来越多的青蛙退出了比赛。

但是有一只青蛙却好像什么也没听到，它一直在爬，越爬越高，最后当其他的青蛙都无法再前进的时候，它却成了唯一到达顶点的选手。其他的青蛙都想知道，它是怎么做到的？于是便跑上前去询问，才发现原来它是个聋子！

　　嘴巴永远是别人的，我们阻止不了它说什么，但人生却是自己的，我们可以拒绝听别人的话。虽然面对生活，我们没必要做个真正的聋子，但是却不能否定自己，不要只听那些消极、悲观的话；要对人生一直都充满希望，怀有乐观和积极的心态，因为别人的话语有时候只会像冷水一般，浇熄我们追求梦想的热情。

　　要将一些充满力量的话，时时记在心间，因为这些话或许会影响我们往后的一生。嘴巴长在别人嘴上，但我们自己却要走属于自己的道路，要自信。在这个现实的社会里，即便是我们遭受旁人无情的冷落、批评、否定，甚至排挤，也不表示我们就必须哀声叹气、自怨自艾。要记住，唯一能否定我们的人，只有我们自己！我们应该学会珍惜，生命因为珍惜而可贵，生活因为珍惜而丰富！

　　或许我们曾经充满迷茫，因为看不到自己的未来而寝食难安，也因为工作中的种种不顺心而悲观沮丧。但是我们是否想过，我们真的相信过自己吗？真的试图将自己的命运攥在手里去努力奋斗吗？更多的时候，我们总是喜欢抱着一种"得过且过"的无奈心理，用一句"顺其自然"的话来安慰自己。没有自信，没有打拼，没有尝试，成功不会不邀而至。

　　有一位年轻人在大学里上学，有一天他忽然发现，大学的教育制度有许多弊端，便马上向校长提出。他的意见没被采纳，于是他决定自己办一所大学，自己当校长来取消这些弊端。

　　办学校至少需要100万美元。上哪儿去找这么多钱？等毕业后去挣，那太遥远了。于是，他每天都在寝室内苦思冥想如何能有100万美元。同学们都认为他有神经病，做梦天上掉钱来。但年轻人不以为然，他坚信自己可以筹到这笔钱。

终于有一天，他想到一个办法。他打电话到报社，说他准备明天举行一个演讲会，题目叫《如果我有 100 万美元我会做什么》。第二天他的演讲吸引了许多商界人士参加，面对台下诸多成功人士，他在台上全心全意、发自内心地说出了自己的构想。

最后演讲完毕，一个叫菲利普·亚默的商人站起来，说："小伙子，你讲得非常好。我决定给你 100 万，就照你说的办。"

就这样，年轻人用这笔钱办了亚默理工学院，也就是现在著名的伊利诺理工学院的前身。而这个年轻人就是后来备受人们爱戴的哲学家、教育家冈索勒斯。

坚信自己，坚信自己的想法，也坚信自己的愿望能够实现，并为之不断地去努力去奋斗，那么愿望总有实现的那一天。就像故事中的教育家冈索勒斯，虽然他的想法没有得到别人的认可，甚至有人认为他有神经病，但是他还是没有放弃，用自己的坚持与执著书写着自己的人生，最后终于实现了自己的愿望，获得了成功。

不要再用抱怨和叹息将自己包裹起来，也不要为自己找那么多的借口去逃避现实。既然命运喜欢捉弄人，那么就不要站在原地等着任它摆布。其实命运就像纸老虎，看上去庞大骇人，但是只要抓住它的弱点，照样可以战胜它。做命运的主宰者，拥有自信，相信自己，我们就可以找寻到自己所渴望的幸福。

♥ 灵 寄 语

没有人可以轻易否定我们，只有我们自己才会让自己变成强者。不轻易地向困难和逆境低头。只要我们愿意努力，在坚持不懈的奋斗之下，我们也可以成为时代的弄潮儿，让自己的生活轻松而幸福。

7. 放弃玻璃心，敏感只会让自己受伤

我们时常会听到有人说"某某太过敏感了，以至于总是受到伤害"。是啊，在如今的社会上，我们要想实现自己的人生目标，就必须放弃玻璃心，让自己走出敏感误区，只有这样才不至于在人生的路途中将自己弄得伤痕累累。

别人不经意的一个眼神、一句无心的话、一个习惯性的手势，往往都会引起敏感者的过分恐慌和不安。一个小小的挫折，一次打击都会让敏感者陷入苦闷，随即他们开始怀疑自己的能力，怀疑自己存在的价值，怀疑众人对自己的评价……于是，就会认为外界的所有批评都是有道理的，理所当然的，自己之所以不快乐，感觉生活压力大，一切都是自己的过错，一切也都是自己造成的……随即开始自暴自弃，折磨自己的同时也折磨身边关心自己的人。

敏感者不仅心理敏感，而且他的感情也是脆弱易碎的，面对事情他们的承受能力很差，任何微小的刺激都能引起他们严重的不安，一遇到困难就紧张得要命，就好像要发生什么天大的事情。过于敏感的人，他们的人生是痛苦的，他们终日生活在一种假想的"防御"状态之下。将他们的心灵比作易碎的玻璃是最恰当不过的，太过敏感，受伤的往往只是他们自己。

李红来这个公司已经有 2 年了，但她还是有点不太适应现在的工作环境，有时候办公室的人一讲话她就开始担心，因为她总觉得别人在议论她，在小看她，她的心也在这样的环境中受尽煎熬。其

实她有这样的想法是有原因的，因为刚进公司的时候，她不小心得罪了公司的一个重要人物——部门经理陈瑶。

当时她刚进公司，年轻气盛，并且仗着自己学历高，人又长得漂亮，所以说话也总是无所顾忌。有一天她正跟自己的同事谈论公司的"美女人物"的时候，突然部门经理陈瑶走了过来，并且将她们的谈话听得一清二楚，因为当时她们正在谈论的是陈瑶跟总经理之间暧昧不清的事情，所以李红跟那个同事当时就傻了眼，当然随后陈瑶就处处刁难李红跟那个女孩。有时候明明是别人做错了事情，陈瑶却将错误推在李红的身上，然后李红就受到老板的批评，总之，一直以来李红在公司就如履薄冰，步履维艰，她的心也慢慢变得敏感，变得脆弱起来。原本活泼爱玩的她，在经过一年这样的日子之后，变得自闭起来，并且也憔悴不已。

在生活和职场中，每个人都会有自己不同的遭遇，许多人会在不知不觉中变得敏感而神经质，也会因为经历一些事情而慢慢地变得自闭或者是恐惧，最后他们总会疑神疑鬼，怀疑自己的不安全，把自己弄得疲惫不堪。其实在职场中过分敏感，会逐渐和社会背离，甚至将自己踢出局。因此，我们想要立足社会，在生活和职场里潇洒穿行，就应该有一颗坚强的心，不管我们遭遇过什么，我们都要懂得放开自己，在遇到事情的时候也不要显得那么的懦弱无能，要学会坚强，不要让自己拥有一颗敏感的玻璃心。

那么我们如何做，才能让自己摆脱玻璃心的纠缠，不再被敏感所牵绊呢？我们不妨试试以下的几点建议：

首先，勇敢接受别人的眼光。

在生活中，我们很多人都会被他人的评价牵绊着，根据这些评价去改变自己，长期跟着别人转，久而久之就会养成敏感的性格。因此，做人要避免这种"过敏心理"。如果别人以异样的眼光盯着我们的时候，我们没必要感觉到局促不安，也不必神情窘迫，唯一的办法就是——坦然接受对方的评价，有益于我们的，我们接受；无益的直接抛诸脑后。久而久之，我们就会发现自己就是自己，我们保持着自己的本色也可以自如地生活在千万双眼睛织成的人生网格里。

其次，正确认识自己，不断充实自己。

要知道，我们每一个人都有自己独特的个性，是他人无法替代的，但一个人也不可能事事都出人头地。因此，我们要有豁达的胸怀，敢于面对自己，充分了解自己的优劣势，做到充分发挥自己的优势，努力弥补自己的不足。有"走自己的路，让别人去说吧"的勇气，这样我们的心灵就会轻松许多，生活也不会受到压力的牵绊。

再次，多参加一些集体娱乐活动或看一些自己感兴趣的书籍。

当我们遇到"敏感"纠缠时，可以用松弛身心的办法来对付。多参加一些集体娱乐活动，能够让我们的心灵得到放松；多看一些自己感兴趣的书籍，不仅可以陶冶情操，而且有助于我们开阔视野。一旦一个人的心情开朗了，视野开阔了，看事情的观点也就会豁达很多，自然就不会轻易成为"敏感"的俘虏了。

生活不会真的严酷到让我们感觉到如履薄冰，人情也不会冷漠到让我们缩手缩脚，我们之所以感觉到寝食难安，那是因为我们太过敏感，让自己拥有了一颗易碎的玻璃心。这个世界适合坚强者生活，敏感者只会成为脆弱的俘虏，被这个社会淘汰。所以我们应该放弃自己的玻璃心，不要让敏感伤害自己。

心 灵 寄 语

放弃玻璃心，我们才能走得更久远；放弃敏感，我们才能够少受伤害。人的一生中，会有许多的磕磕绊绊，但是敏感只会将我们推进深渊，而唯有放弃敏感才可以让我们的心灵更轻松，生活更快乐。

8. 追求一份心灵的宁静

和人一样，我们的心灵也是喜欢宁静的，它需要放松，需要充充电。要想自己的生活变得轻松，不妨试着去追求一份心灵的宁静，让我们的心灵在疲累的时候放松一下，这样才能在生活的道路中走得更久远。

人生之路何其漫长，在这条道路上，一路走来，有这样那样的苦闷占据了我们的生活空间，我们的心灵也因受到影响而在不断地变幻着。面对这种情况，我们呼天抢地根本没有什么效用，任何救世主都不会怜悯我们，而此时的我们只有一种办法可以救自己，那就是尽力让自己放松心情，追求一份心灵的宁静，让自己的心灵从烦闷和愁苦中解脱出来，我们的心灵其实和机械一样，在疲惫不堪的时候需要休整一下。

生活是我们一步一步向前走出来的，但是我们总是喜欢回忆过去，总是喜欢将时间消磨在怀念和遗忘当中。许多人对自己记不住东西总是忧心忡忡，可是他们却不知道，生活在这个世界上，遗忘是的的确确存在的，有时候忘记一些东西反倒会让自己生活得更轻松一些。我们没有必要为忘记太多的事情而烦恼，如果一个人真的能够万事不忘，甚至于可以记下已过去事情的任何细节，那么他会生活得十分痛苦，因为他无法忘记曾经的一切，就等于是将所有的过往都背在肩上行走，每走一步，肩上的重量就会增加一分，这样一来，他还没有看到尽头，就已经被重担压得爬不起来了。

人一旦生活在这个世界上，就避免不了与他人交往，而在交往的过程当中，或多或少会出现一些不和谐，增加些许烦恼是可以理解的。如果要想从不和谐的氛围中求得和睦与平静，忘记那些曾经发生过的事以及出现过的一切不快乐，让交往重新开始就是最好的办法。如果实在无法忘记，那就先试着让自己静下来，让自己的心灵得到一定的放松，只要心灵得到一份平静之后，也就没有什么坎过不去了。

当自己的心灵放松下来，回到宁静的时候，就不难发现自己的许多烦恼，可能都是因为无法宽容别人而使自己的心里沉积了太多的不平衡而导致的。宽容别人，其实就是给别人机会，给自己快乐，岂不是两全其美？让自己的心胸开阔一些，烦恼便会消失殆尽；当我们的心灵恢复平静之后，我们的生活也会轻松无压。

在一个可能是任何地方的地方，在一个可能是任何时间的时间，有一个美丽的花园，里面长满了苹果树、橘子树、梨树和玫瑰花，它们都幸福而满足的生活着。

花园里所有成员都是那么快乐，唯独一棵小橡树愁容满面。可怜的小家伙始终被一个问题困扰着，那就是，它不知道自己是谁，自己的使命是什么。

苹果树认为它不够专心，抖动自己果实累累的树枝，对小橡树说："如果你真的努力了，一定会结出美味的苹果的，你看多容易！"玫瑰花伸展一下自己美丽的花朵说："别听它的，开出玫瑰花来才更容易，你看多漂亮！"失望的小橡树按照它们的建议去拼命努力，但它越想和别人一样，就越觉得自己失败。

一天，鸟中的智者大雕来到了花园，听说了小橡树的困惑后，它对小橡树说："你别担心，你的问题并不严重，地球上的许多生灵都面临着同样的问题。我来告诉你怎么办。你不要把生命浪费在去变成别人希望你成为的样子，你就是你自己，你要是想了解自己，就要做到这一点，学会倾听自己内心的声音，追求一份心灵的宁静。"说完，大雕就飞走了。

小橡树自言自语道："追求一份心灵的宁静，做我自己？了解我自己？倾听自己内心的声音？"突然，小橡树茅塞顿开，它闭上眼睛，敞开心扉，终于感觉自己的心灵得到了前所未有的宁静，它听到了自己内心的声音："你永远都结不出苹果，因为你不是苹果树；你也不会每年每天都开花，因为你不是玫瑰。你是一棵橡树，你的使命就是要长得高大挺拔，给鸟儿们栖息，给游人们遮荫，美化环境。既然知道了你的使命，就去努力完成它吧！"

小橡树顿觉浑身上下充满了力量和自信，它开始为实现自己的目标而努力。很快它就长成了一棵大橡树，填满了属于自己的空间，赢得了大家的尊重。这时，花园里才真正实现了每一个生命都快乐。

每个人生来都有自己的使命，也有属于自己的梦想，我们不能为了别人的希冀而去浪费更多的时间，也不应该随波逐流，不然很可能会在复杂的环境中迷失自己。我们若是想要知道自己的人生使命，就不妨安静下来倾听一下心灵的声音，追求一份心灵的宁静，那么我们就会知道自己的人生目标在哪里了。

人之所以感觉自己活得太累，其实是想的太多，顾虑的太多。身体的疲劳并不可怕，可怕的就是心灵上的疲累。一个人的心灵太过疲累就会影响到他的心情。世界观、人生观就会发生改变，有时候甚至会变得扭曲，乃至危及自身的发展。不同时代的人有着不同的精神状态，不要一遇上事情就钻牛角尖，让自己背负着沉重的思想包袱，自己受累的同时还累及心灵。紧张、快捷并不是生活的代表，适时地放松自己，追求一份心灵的宁静，在人生道路上我们才能走得更远，才能更好地享受生活。

♥心 灵 寄 语

累并不是生活的概括，累只是我们对生活的主观评价。之所以会累，是因为我们给自己的包袱太重，是我们不愿意放松自己的心灵。人生一世何其短暂，我们应该学会享受生活，追求一份心灵的宁静，只有心灵轻松了，生活中的压力才会变小。